普通高等教育"十三五"规划教材

酶工程实验指导

王 君 | 主编

陆玉建　张玉苗　姚志刚　李甲亮 | 副主编

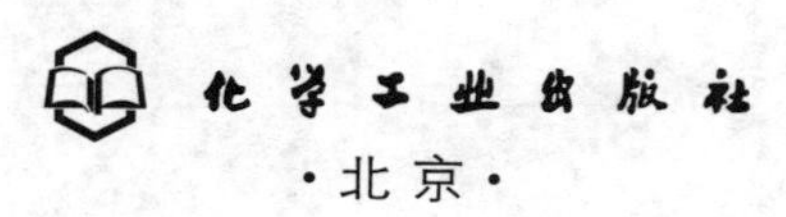

·北京·

全书包括五部分内容，分别为酶学基础实验、微生物发酵产酶实验、酶的提取与分离纯化实验、酶的固定化及分子修饰实验以及酶的应用实验。基本涵盖酶工程领域的基础实验内容。

本书可作为生物技术、生物工程、食品生物技术、生物制药等专业学生的参考用书，也可供相关行业的技术人员参考。

图书在版编目（CIP）数据

酶工程实验指导／王君主编．—北京：化学工业出版社，2018.6（2025.2重印）
普通高等教育“十三五”规划教材
ISBN 978-7-122-32091-9

Ⅰ.①酶…　Ⅱ.①王…　Ⅲ.①酶—生物工程—实验—高等学校—教学参考资料　Ⅳ.①Q814-33

中国版本图书馆CIP数据核字（2018）第086839号

责任编辑：魏　巍　王　岩　赵玉清　　　文字编辑：焦欣渝
责任校对：宋　夏　　　装帧设计：关　飞

出版发行：化学工业出版社（北京市东城区青年湖南街13号　邮政编码100011）
印　　装：河北延风印务有限公司
710mm×1000mm　1/16　印张6¼　字数　100　千字　2025年2月北京第1版第9次印刷

购书咨询：010-64518888　　　售后服务：010-64 18899
网　　址：http://www.cip.com.cn
凡购买本书，如有缺损质量问题，本社销售中心负责调换。

定　　价：28.50元

版权所有　违者必究

前言

生物技术已成为发展最快、应用最广、潜力最大、竞争最为激烈的科技领域之一，也是最有希望取得关键性突破的学科之一。生物技术产业作为一个正在崛起的主导性产业，已成为产业结构调整的战略重点和新的经济增长点，将成为我国赶超世界发达国家生产力水平、实现后发优势和跨越式发展最有前途、最有希望的领域。

酶工程是生物技术的四大重要组成部分之一，是酶学和工程学相互渗透、相互结合发展而形成的一门新的技术科学，是酶学、微生物学的基本原理与化学工程等有机结合而产生的交叉学科。酶作为生物催化剂具有催化专一性好、效率高、作用条件温和等优点，已广泛应用于医药、食品、轻工、化工、能源、环保、检测、生物技术等领域，深刻影响着许多重要的科学和实践领域。

《酶工程实验指导》与《酶工程》教材内容紧密结合，旨在通过实验强化学生对课堂内容的理解和掌握。结合作者学校院系实验条件，《酶工程实验指导》选择了二十三个实验，主要集中在酶及酶工程概论、微生物发酵产酶、酶的提取和分离纯化、酶活力测定、酶的固定化和酶的分子修饰等内容，基本上反映了教材内容。

在本书编写过程中，我们参考了许多国内外相关的教材和文献资料，借鉴了一些重要的实验案例，在此向各位前辈和同行致以衷心的感谢。本教材还得到了学校、出版社的大力支持和帮助，谨在此一并表示衷心的感谢。

限于编者的水平有限，加之时间仓促，书中不足之处在所难免，敬请专家和同行以及广大读者给予批评指正。

编者

二〇一八年一月

目录

第一部分 酶学基础实验

实验一 酶促反应中初速度时间范围测定

一、实验目的

1. 了解酶促反应中初速度时间范围测定的基本原理。
2. 掌握酶促反应中初速度时间范围的测定方法。

二、实验原理

酸性磷酸酯酶（acid phosphatase，EC 3.1.3.2）广泛分布于动植物体中，尤其是植物的种子、动物肝脏和人体的前列腺中。它对生物体内核苷酸、磷蛋白和磷脂的代谢起着重要作用。

酸性磷酸酯酶能专一性水解磷酸单酯键。以人工合成的对硝基苯磷酸酯（4-nitrophenyl phosphate，NPP）作底物，水解产生对硝基苯酚和磷酸；在碱性溶液中，对硝基酚的盐离子于405nm处光吸收强烈，而底物没有这种特性（图1-1）。

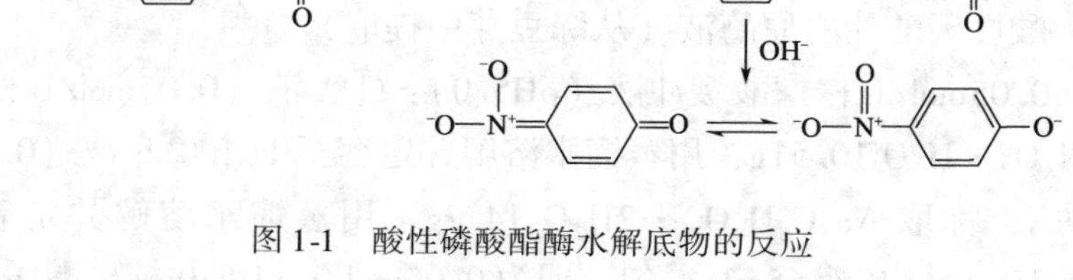

图1-1 酸性磷酸酯酶水解底物的反应

利用产物的这种特性，可以定量测定产物的生成量，从而求得酶的活力单位。即通过测定单位时间内405nm处光密度值的变化来确定酸性磷酸酯酶的活性。

酸性磷酸酯酶的1个活力单位是指在酶反应的最适条件下，每分钟生成1μmol产物所需的酶量。

要进行酶活力测定，首先要确定酶反应时间。而酶的反应时间应该在初速度时间范围内选择。可以通过制作进程曲线来求出酶的初速度时间范围。进程曲线是指在酶反应的最适条件下，采用每隔一定时间测定产物生成量，以酶反应时间为横坐标、产物生成量为纵坐标绘制而成（图1-2）。从进程曲线可知，在曲线起始的一段时间内为直线，其斜率代表初速度。随着反应时间的延长，曲线趋于平坦，斜率变小，反应速度下降。要真实反映出酶活力大小，就应在初速度时间内测定。

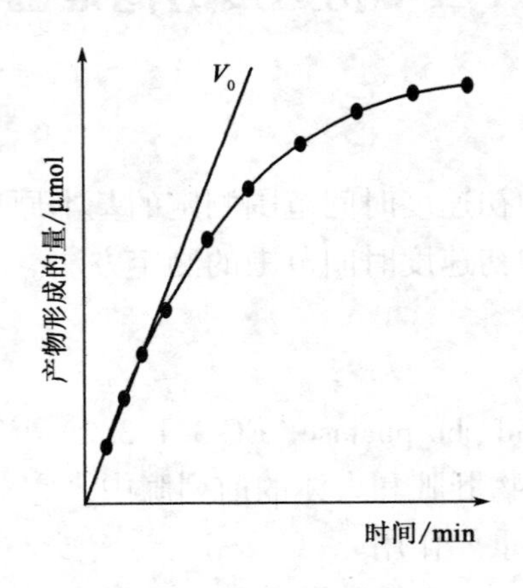

图1-2　酶反应进程曲线

三、试剂与器材

1. 试剂

（1）酸性磷酸酯酶原酶液（从绿豆芽中提取）。

（2）0.05mol/L柠檬酸缓冲液（pH5.0）：①A液（0.05mol/L柠檬酸），称取$C_6H_8O_7 \cdot H_2O$ 10.51g，用蒸馏水溶解并定容至1L；②B液（0.05mol/L柠檬酸钠），称取$Na_3C_6H_8O_7 \cdot 2H_2O$ 14.7g，用蒸馏水溶解并定容至1L；③取A液35mL与B液65mL混匀，即为0.05mol/L pH5.0柠檬酸缓冲液。

（3）酸性磷酸酯酶溶液（通过原酶液稀释得到）：取原酶液，用 0.05mol/LpH5.0 柠檬酸盐缓冲液稀释，使进程曲线中第 11 号管光密度 OD_{405nm}在 0.6～0.7 之间。

（4）1.2mmol/L 对硝基苯磷酸酯（NPP）溶液：精确称取 NPP 0.4454g，加缓冲液定容至 100mL。

（5）0.3mol/L NaOH 溶液。

2. 器材

研钵，纱布，透析袋，恒温水浴锅，电子天平，可见分光光度计，试管，移液枪，离心机，计时器。

四、 实验步骤

1. 酸性磷酸酯酶原酶液的制备

称取一定重量的绿豆，浸泡 24h，在 25～30°C 温箱中培养 5～7d。长出的豆芽取其茎部，依次用自来水和重蒸水冲洗干净，置滤纸上吸干水分，称 30g 放入研钵中匀浆，加 0.2mol/L 醋酸盐缓冲液 4mL，置 4°C 冰箱中 6h 以上。然后用双层纱布挤压过滤，滤液 6000r/min 离心 15min，上清液置透析袋用蒸馏水充分透析，间隔换水 10 次，透析 24h 以上。将透析后的酶液稀释至最终体积与豆芽质量（g）相等，以 6000r/min 离心 30min，所得上清液即为原酶液，置冰箱待用。

2. 酶促反应

取试管 12 支，按表 1-1 编号，0 号为空白。各管加入 1.0mL 1.2mol/L NPP 溶液；另外取 2 支试管，各加入稀释好的酶液 7mL，在酶反应前底物与酶都放入 35°C 恒温水浴锅中预热 2min。然后向 1～11 号管内各加入 1.0mL 预热的酶液。立即摇匀并开始计时。按时间间隔为 3min、5min、7min、10min、12min、15min、20min、25min、30min、40min、50min 进行反应。待反应进行到上述各相应时间时，加入 3.0mL 0.3mol/L NaOH 溶液终止反应。冷却后以 0 号管作空白（0 号管加入 1.0mL NPP 溶液后保温 25min，然后加入 3.0mL 0.3mol/L NaOH 溶液，再加入 1.0mL 酶液），在可见分光光度计上测定各管 OD_{405nm}值。

3. 数据处理

以反应时间为横坐标，OD_{405nm}值为纵坐标绘制进程曲线。由进程曲线中直线部分求出酸性磷酸酯酶反应初速度的时间范围。

表 1-1　制作酶促反应进程曲线时各物质加入量

试剂	试管号											
	1	2	3	4	5	6	7	8	9	10	11	0
对硝基苯磷酸酯/mL	1.0	1.0	1.0	1.0	1.0	1.0	1.0	1.0	1.0	1.0	1.0	1.0
稀释酶液/mL	1.0	1.0	1.0	1.0	1.0	1.0	1.0	1.0	1.0	1.0	1.0	1.0
反应时间/min	3	5	7	10	12	15	20	25	30	40	50	25
0.3mol/L NaOH/mL	3.0	3.0	3.0	3.0	3.0	3.0	3.0	3.0	3.0	3.0	3.0	3.0

五、 注意事项

1. 注意加入酶液后要立即摇匀并计时。

2. 加入 0.3mol/L NaOH 终止反应时，应确保摇晃振动试管，使溶液混合均匀，同时终止反应后务必从水浴锅中取出试管，室温存放，及时测定 OD 值。

六、 作业及思考题

1. 绘出酶促反应进程曲线，记录实验结果，计算酸性磷酸酯酶反应初速度的时间范围。

2. 本实验如果需要测定酸性磷酸酯酶的活性，还需要补做什么实验?

实验二
pH 对酶活力的影响——最适 pH 的测定

一、 实验目的

1. 了解 pH 对酶活力影响的机理。
2. 掌握测定最适 pH 的基本原理。
3. 掌握最适 pH 测定方法。

二、 实验原理

pH 对酶活力的影响极为显著。酶表现其最高活性时所处的 pH 即酶的最适 pH（图 2-1）。通常各种酶只在一定的 pH 范围内才能表现它的活性。一种酶在不同的 pH 条件下所表现出来的活性不同。

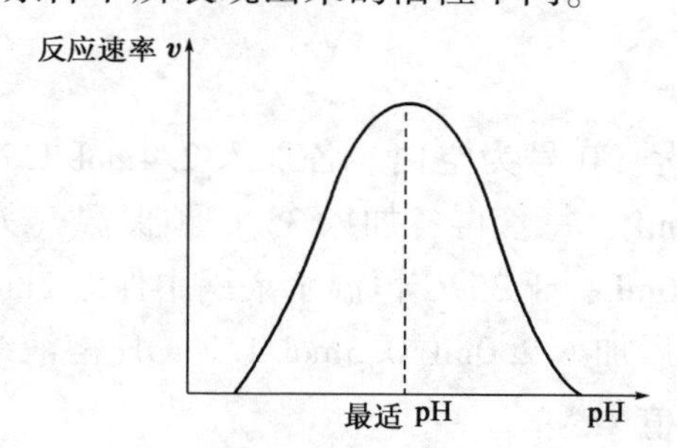

图 2-1　pH 对反应速率的影响

pH 之所以对酶活性有很大影响，可能是它改变了酶活性部位有关基团的解离状态。在最适 pH 时，酶分子上活性基团的解离状态最适于酶与底物的结合。而高于或低于最适 pH 时，酶活性部位基团的解离状态均不利于酶与底物的结合，酶活力也就相应降低。pH 也可影响底物的解离及反应体系中其他组分的解离。缓冲体系中离子的性质和离子强度也可能对酶促反应产生影响。另外，pH 除了对酶活性有很大影响外，对酶的稳定性也有影响。过高或过低的 pH 都会改变酶的活性中心的构象，甚至改变整个酶分子的结构而使其变性失活。

在保持其他反应条件恒定，而在一系列变化的 pH 下测定酶活力，以 pH 为横坐标，OD_{405nm} 值为纵坐标作图，可得到一条 pH-酶活力曲线，从中就可求出最适 pH。

三、 试剂与器材

1. 试剂

（1）酸性磷酸酯酶原酶液（从绿豆芽中提取）。

（2）酸性磷酸酯酶溶液：将原酶液用水稀释 10 倍左右，使 pH－酶活力曲线中第 6 管 OD_{405nm} 在 0. 6～0. 7 之间。

（3）2. 4mmol/L NPP 水溶液：精确称取 NPP 0. 8908g，用水溶解并定容至 1000mL。

（4）0. 3mol/L NaOH 溶液。

2. 器材

恒温水浴锅，可见分光光度计，试管，移液枪，计时器。

四、 实验步骤

1. 酶促反应

取 11 支试管编号，0 号为空白。各加入 2. 4mol/L NPP 0. 2mL，相应加入不同缓冲液各 1. 8mL，每管再各加入 35°C 预保温（另取 2 支试管，各加入稀释好的酶液 5～6mL，于 35°C 恒温水浴锅中保温 2min）的酶液 1mL，立即摇匀计时，15min 后加入 2. 0mL 0. 3mol/L NaOH 溶液终止反应。

2. 测定 OD_{405nm} 值

0 号管先加入 2. 0mL 0. 3mol/L NaOH 溶液后再加入酶液，各管终止并冷却后测 OD_{405nm}，将结果按不同 pH 对应记录。

3. 数据处理

以反应 pH 为横坐标、OD_{405nm} 为纵坐标，绘制 pH－酶活力曲线，求出酸性磷酸酯酶的最适 pH。

五、 注意事项

1. 注意加入酶液后立即摇匀计时。

2. 加入 0. 3mol/L NaOH 溶液终止反应时，应确保摇晃振动试管，使溶液混合均匀，同时终止反应后务必从水浴锅中取出试管，室温存放，及时测定 OD 值。

六、 作业及思考题

1. 绘出 pH-酶活力曲线图，记录实验结果，计算酸性磷酸酯酶的最适 pH。

2. pH 值影响酶催化的机理是什么？

实验三
温度对酶活力的影响——最适温度的测定

一、 实验目的

1. 了解温度对酶活力影响的机理。
2. 掌握测定最适温度的基本原理。
3. 掌握最适温度测定方法。

二、 实验原理

温度对酶的影响有双重作用：一方面，温度加速酶促反应速率；另一方面，酶是蛋白质，温度升高会引起酶蛋白质的变性。因此，在较低温度范围内，酶促反应速率随温度升高而增大，超过一定温度后，反应速率下降。酶促反应速率达到最大值时的温度称酶促反应的最适温度。如果保持其他反应条件恒定，而在一系列变化的温度下测定酶活力，以温度为横坐标、反应速率为纵坐标作图，可得到一条温度－酶活力曲线（图 3-1），从中就可求得最适温度。

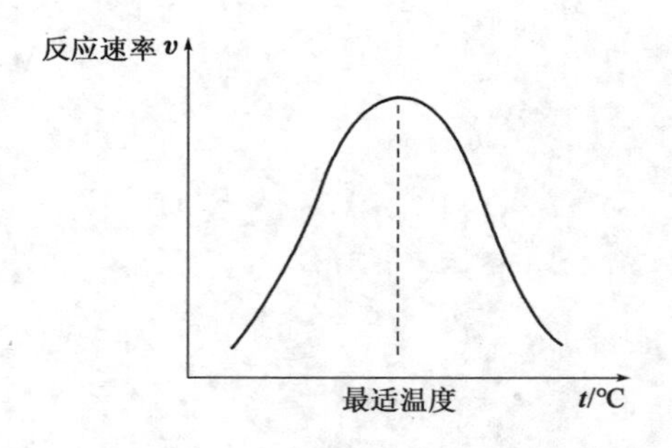

图 3-1　温度对反应速率的影响

各种酶的最适反应温度是不同的，一般动物组织中各种酶的最适温度在 35～40℃，植物和微生物中各种酶的最适温度范围较大，在 32～60℃ 之间。但最适温度不是酶的特征常数，一种酶的最适温度不是一个恒定的数值，它与反应条件有关。如果反应时间延长，一般最适温度降低。因此，对同一种酶来讲，应该说明是在什么条件下的最适温度。

温度是影响酶促反应速率的重要因素之一。在温度较低时，绝对温度对

v_{max}的影响遵守 Arrnenius 公式：

$$\lg v_{max} = -\frac{E_a}{2.3R} \times \frac{1}{T} + 常数$$

式中，E_a 为酶促反应的活化能，J/mol；R 为气体常数，8.314J/(mol·K)；T 为绝对温度，K；v_{max} 为当酶全部被过量底物饱和时所测得的反应速率。

实验时，测定不同温度下酶促最大反应速率 v_{max}，以 $\lg v_{max}$ 对绝对温度的倒数 $1/T$ 作图，得一斜率为 $-E_{a/2.3R}$ 的直线，由此可求得活化能 E_a。

三、 试剂与器材

1. 试剂

(1) 酸性磷酸酯酶原酶液（从绿豆芽中提取）。

(2) 0.05mol/L 柠檬酸缓冲液（pH5.0）。

(3) 酸性磷酸酯酶溶液：将原酶液用 0.05mol/L pH5.0 的柠檬酸缓冲液稀释 25 倍左右，使测定的第 5 管 OD_{405nm} 值在 0.6～0.7 之间。

(4) 1.2mmol/L NPP：精确称取 NPP 0.4454g，用缓冲液溶解定容至 1000mL。

(5) 0.3mol/L NaOH 溶液。

2. 器材

恒温水浴锅，可见分光光度计，试管，移液枪，计时器。

四、 实验步骤

1. 酶促反应

取 8 支试管，编号，0 号管为空白。各管加入 1.0mL 1.2mmol/L NPP 溶液，另取 8 支试管加入酶液 2mL。酶与底物对应在 10℃、20℃、30℃、35℃、40℃、50℃、60℃、70℃恒温水浴锅保温 2min。酶液预热时间不要超过 2min，否则酶易失活，特别是在温度较高时。预热后各管加入酶液 1.0mL，精确反应 15min 后，加入 3.0mL 0.3mol/L NaOH 溶液终止反应。

2. 测定 OD_{405nm} 值

0 号管反应温度为50°C，先加入 3.0mL 0.3mol/L NaOH 溶液后再加入酶液。各管反应终止并冷却后以 0 号管为空白，测定 OD_{405nm} 值。

3. 数据处理

① 以反应温度为横坐标、OD_{405nm}（代表反应速率）为纵坐标，绘制温度－酶活力曲线，求出酸性磷酸酯酶在此条件下的最适温度。

② 以反应绝对温度的倒数（$1/T$）为横坐标、$lgOD_{405nm}$为纵坐标作图，求出直线部分的斜率，计算酶促反应的活化能。

五、注意事项

1. 注意酶液预热时间不要超过2min，否则酶易失活，特别是在温度较高时。

2. 加入0.3mol/L NaOH溶液终止反应时，应确保摇晃振动试管，使溶液混合均匀，同时终止反应后务必从水浴锅中取出试管，室温存放，及时测定OD值。

六、作业及思考题

1. 绘制温度-酶活力曲线图，记录实验结果，计算酸性磷酸酯酶的最适温度；绘制Arrnenius图，计算本酶促反应的活化能。

2. 实验中如何保证酶反应时间的准确度？

实验四
米氏常数和最大反应速率的测定

一、 实验目的

1. 了解米氏方程的含义及其重要意义。
2. 掌握测定米氏常数（K_m）和最大反应速率（v_{max}）的基本原理。
3. 掌握 K_m 和 v_{max} 的测定方法。

二、 实验原理

在温度、pH 和酶浓度恒定的条件下，底物浓度对酶促反应的速率有很大影响（图 4-1）。在底物浓度很低时，酶促反应速率（v）随底物浓度的增加而迅速增加；随着底物浓度继续增加，反应速率的增加开始减慢；当底物浓度增加到某种程度时，反应速率达到一个极限值（v_{max}）。

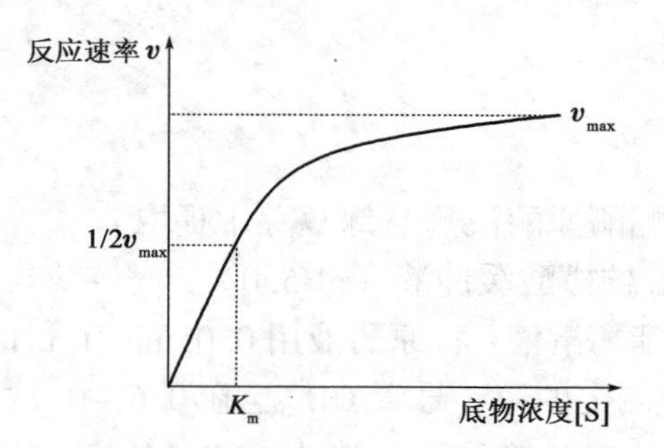

图 4-1 底物浓度对反应速率的影响

底物浓度与反应速率的这种关系可用米氏方程表示：

$$v = \frac{v_{max}[S]}{K_m + [S]}$$

式中，v 为反应速率；K_m 为米氏常数；v_{max} 为酶促反应最大速率；[S] 为底物浓度。

从米氏方程可见，米氏常数 K_m 等于反应速率达到最大反应速率一半时的底物浓度，米氏常数的单位就是浓度单位（mol/L 或 mmol/L）。在酶学分析中，K_m 是酶促反应的一个基本特征常数，它包含着酶与底物结合和解离的性质。K_m 与底物浓度、酶浓度无关，与 pH、温度、离子强度等因素有关。对于每一个酶促反应，在一定条件下都有其特定的 K_m 值，因此可用于鉴别酶。测定 K_m、v_{max} 一般用作图法。作图法有很多种，最常用的是 Lineweaver-Burk 作图法，该法是根据米氏方程的倒数形式，以 $1/v$ 对 $1/[S]$ 作图，可得到一条直线。直线在横轴上的截距为 $-1/K_m$，纵轴截距为 $1/v_{max}$，可求出 K_m 与 v_{max}（图 4-2）。

$$\frac{1}{v}=\frac{K_m}{v_{max}}\times\frac{1}{[S]}+\frac{1}{v_{max}}$$

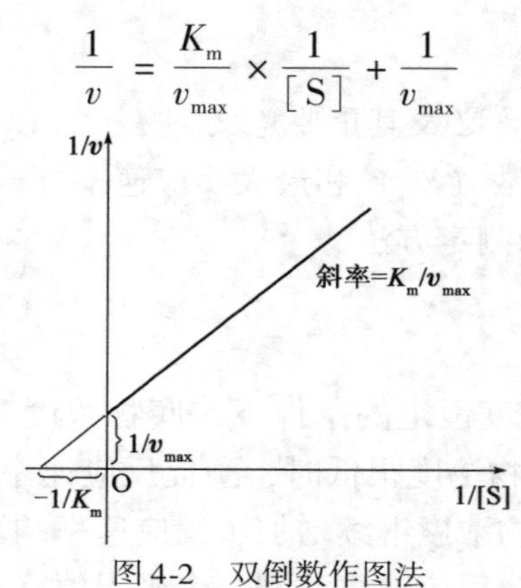

图 4-2　双倒数作图法

三、 试剂与器材

1. 试剂

（1）酸性磷酸酯酶原酶液（从绿豆芽中提取）。

（2）0.05mol/L 柠檬酸缓冲液（pH5.0）。

（3）酸性磷酸酯酶溶液：将原酶液用 0.05mol/L pH5.0 的柠檬酸缓冲液稀释 25 倍左右，使测定的第 5 号管 OD_{405nm} 在 0.6～0.7 之间。

（4）1.2mmol/L NPP 溶液：称取 NPP 0.4454g，用缓冲液溶解并定容至 1000mL。

（5）0.3mol/L NaOH 溶液。

2. 器材

恒温水浴锅，可见分光光度计，试管，移液枪，计时器。

四、 实验步骤

1. 酶促反应

取 10 支试管按表 4-1 编号。1～5 号管加入各不相同的底物浓度样品，并设空白管。各空白管在加入 NPP 和缓冲液后，先加入 0.3mol/L NaOH 溶液，再加入酶液。其余各管按表 4-1 操作。精确反应 15min 后，各管加入 0. 3mol/L NaOH 溶液终止反应。

表 4-1　酶促反应各试管物质加入量

试剂/mL	试管号									
	1	2	3	4	5	6	7	8	9	10
	空白管					反应管				
1. 2mmol/L NPP 溶液	0. 2	0. 4	0. 6	0. 8	1. 0	0. 2	0. 4	0. 6	0. 8	1. 0
0. 05mol/L 柠檬酸缓冲液	1. 8	1. 6	1. 4	1. 2	1. 0	1. 8	1. 6	1. 4	1. 2	1. 0
稀释酶液	35℃保温 2min									
	1. 0	1. 0	1. 0	1. 0	1. 0	1. 0	1. 0	1. 0	1. 0	1. 0
	35℃精确反应 15min									
0. 3mol/L NaOH 溶液	2. 0	2. 0	2. 0	2. 0	2. 0	2. 0	2. 0	2. 0	2. 0	2. 0

2. 测定 OD_{405nm} 值

终止各管反应，待冷却后以 1 ~ 5 号管中相应底物浓度作空白，在可见分光光度计上测定 OD_{405nm} 值。

3. 数据处理

通过测定，得到一组数据 OD_{405nm}，由于酶促反应产物对硝基盐离子在 0. 1 ~ 0. 2mol/L NaOH 溶液中，在 405nm 处的摩尔消光系数为 18.8×10^3，则 OD_{405nm} 值与反应速率的换算为：

$$v[(\mu mol/L\text{对硝基酚})/min]=\frac{OD_{405nm}}{t\times\frac{10^6}{18.8\times10^3}\times\frac{\text{测定液体积}(mL)}{1000}}$$

式中，OD_{405nm} 为每管测定光密度值；t 为反应时间，min。

反应液中底物浓度换算式：

$$[S]=\frac{XM}{3}$$

式中，X 为底物加入量，mL；3 指反应液体积，mL；M 为加入时的底物浓度，mmol/L。

通过计算求得[S]、v、1/[S]、$1/v$ 等值，然后作双倒数图，获取纵、横截距，求出 K_m 和 v_{max} 值。

五、 注意事项

注意精确反应15min后，加入0.3mol/L NaOH溶液终止反应时，应确保摇晃振动试管，使溶液混合均匀。

六、 作业及思考题

1. 绘制$1/v-1/[S]$直线图，计算K_m和v_{max}值。
2. 最大反应速率的确定有何意义？

实验五
抑制条件下 K_m 和 v_{max} 的测定及抑制类型的判定

一、 实验目的

1. 了解抑制条件下米氏方程的变化。

2. 掌握不同抑制类型中米氏常数（K_m）和最大反应速率（v_{max}）的变化特点。

3. 掌握米氏常数（K_m）和最大反应速率（v_{max}）的测定方法。

4. 掌握不同抑制类型的判别方法。

二、 实验原理

抑制剂是影响酶促反应的因素之一，根据抑制剂与酶结合的特点可将其分为不可逆抑制和可逆抑制两种类型。其中可逆抑制又可分为竞争性抑制、非竞争性抑制和反竞争性抑制三种类型。

1. 竞争性抑制

酶不能与底物和抑制剂同时结合。酶促反应动力学特征为：米氏常数 K_m 增大，v_{max}不变（图 5-1）。用公式表示为：

$$v=\frac{v_m[S]}{K_m\left(1+\frac{[I]}{K_I}\right)+[S]}$$

$$K'_m=K_m\left(1+\frac{[I]}{K_I}\right)$$

式中，v_m 即为 v_{max}；K_I 为抑制剂常数；[I] 为抑制剂浓度。

2. 非竞争性抑制

非竞争性抑制指抑制剂、底物能同时与酶结合，但此复合物不能进一步分解为产物，酶促反应动力学特征为 K_m 不变，v_{max}下降（图 5-2）。用公式表示为：

$$v=\frac{v_m[S]}{\left(1+\frac{[I]}{K_I}\right)\left(K_m+[S]\right)}$$

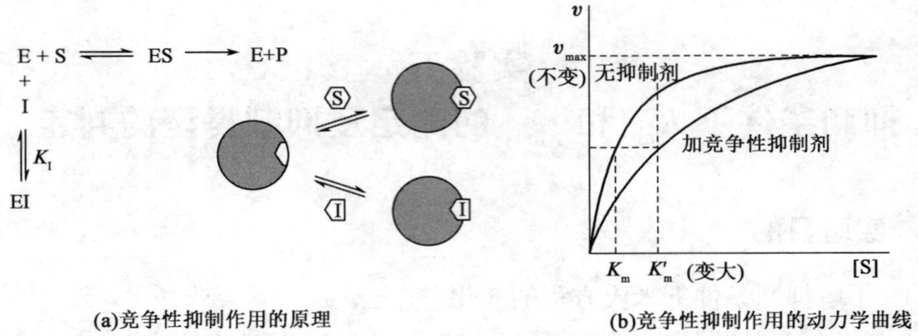

(a)竞争性抑制作用的原理　　(b)竞争性抑制作用的动力学曲线

图 5-1　竞争性抑制

$$v_m = \frac{v}{1 + \frac{[I]}{K_I}}$$

式中，v_m 即为 v_{max}；K_I 为抑制剂常数；[I] 为抑制剂浓度。

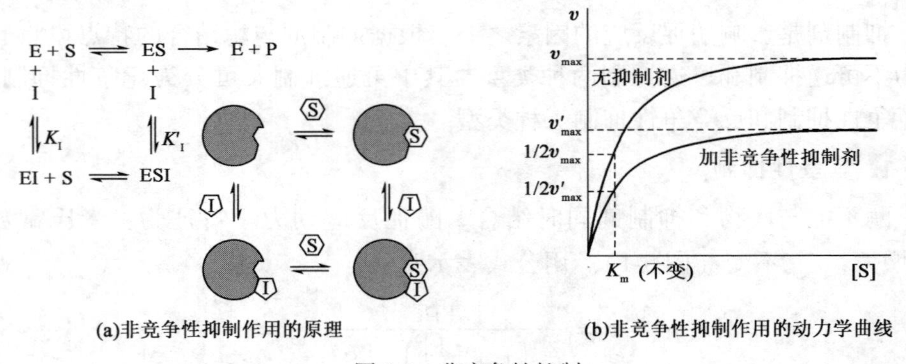

(a)非竞争性抑制作用的原理　　(b)非竞争性抑制作用的动力学曲线

图 5-2　非竞争性抑制

3. 反竞争性抑制

抑制剂必须在酶和底物结合后方能与酶形成复合物，但此复合物不能分解为产物，酶促反应动力学特征为 K_m 和 v_{max} 都变小（图 5-3）。用公式表示为：

$$v = \frac{v_m[S]}{K_m + \left(1 + \frac{[I]}{K_I}\right)[S]}$$

$$v'_m = \frac{V}{1 + \frac{[I]}{K_I}}$$

$$K'_m = K_m\left(1 + \frac{[I]}{K_I}\right)$$

式中，v_m 即为 v_{max}；K_I 为抑制剂常数；[I] 为抑制剂浓度。

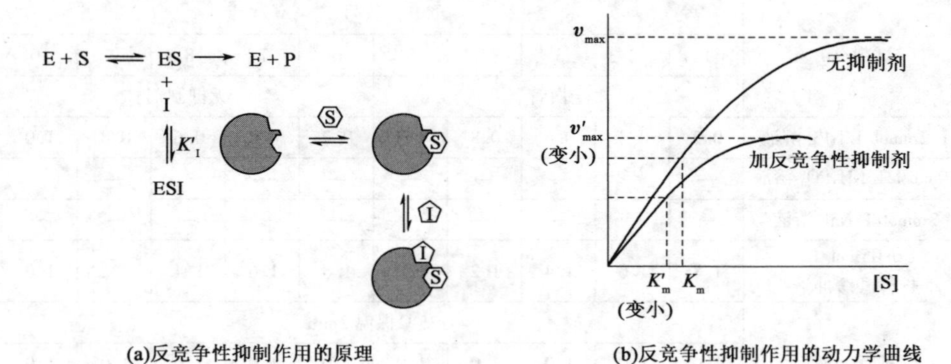

图 5-3 反竞争性抑制

三、 试剂与器材

1. 试剂

（1）酸性磷酸酯酶原酶液（从绿豆芽中提取）。

（2）0.05mol/L 柠檬酸缓冲液（pH5.0）。

（3）酸性磷酸酯酶溶液：将原酶液用 0.05mol/L 柠檬酸缓冲液稀释 25 倍左右，使测定的第 5 号管 OD_{405nm} 值在 0.6~0.7 之间。

（4）1.2mmol/L NPP：精确称取 NPP 0.4454g，用缓冲液溶解并定容至 1000mL。

（5）0.3mol/L NaOH 溶液。

（6）10mmol/L KH_2PO_4 溶液。

（7）3mmol/L NaF 溶液。

2. 器材

恒温水浴锅，可见分光光度计，试管，移液枪，计时器。

四、 实验步骤

1. 酶促反应

取 20 支试管按表 5-1 编号。1~5 号管加入各不相同的底物浓度样品，并设空白管。各空白管在加入 NPP 和缓冲液后，先加入 0.3mol/L NaOH 溶液，再加入酶液。其余各管按表 5-1、表 5-2 操作。精确反应 15min 后，各管加入 0.3mol/L NaOH 溶液终止反应。

表 5-1 非抑制条件下酶促反应各试管物质加入量

试剂/mL	试管号									
	1	2	3	4	5	6	7	8	9	10
	空白管					无抑制剂				
1. 2mmol/L NPP 溶液	0. 2	0. 4	0. 6	0. 8	1. 0	0. 2	0. 4	0. 6	0. 8	1. 0
10mmol/L KH_2PO_4 溶液	—	—	—	—	—	—	—	—	—	—
3mmol/L NaF 溶液	—	—	—	—	—	—	—	—	—	—
0. 05mol/L 柠檬酸缓冲液	1. 8	1. 6	1. 4	1. 2	1. 0	1. 8	1. 6	1. 4	1. 2	1. 0
	35℃保温 2min									
稀释酶液	1. 0	1. 0	1. 0	1. 0	1. 0	1. 0	1. 0	1. 0	1. 0	1. 0
	35℃精确反应 15min									
0. 3mol/L NaOH	2. 0	2. 0	2. 0	2. 0	2. 0	2. 0	2. 0	2. 0	2. 0	2. 0

表 5-2 抑制条件下酶促反应各试管物质加入量

试剂/mL	试管号									
	1	2	3	4	5	6	7	8	9	10
	KH_2PO_4					NaF				
1. 2mmol/L NPP 溶液	0. 2	0. 4	0. 6	0. 8	1. 0	0. 2	0. 4	0. 6	0. 8	1. 0
10mmol/L KH_2PO_4 溶液	0. 3	0. 3	0. 3	0. 3	0. 3	—	—	—	—	—
3mmol/L NaF 溶液	—	—	—	—	—	0. 3	0. 3	0. 3	0. 3	0. 3
0. 05mol/L 柠檬酸缓冲液	1. 5	1. 3	1. 1	0. 9	0. 7	1. 5	1. 3	1. 1	0. 9	0. 7
	35℃保温 2min									
稀释酶液	1. 0	1. 0	1. 0	1. 0	1. 0	1. 0	1. 0	1. 0	1. 0	1. 0
	35℃精确反应 15min									
0. 3mol/L NaOH	2. 0	2. 0	2. 0	2. 0	2. 0	2. 0	2. 0	2. 0	2. 0	2. 0

2. 测定 OD_{405nm} 值

终止各管反应，待冷却后以 1～5 号管中相应的底物浓度作空白，在可见分光光度计上测 OD_{405nm}。

3. 数据处理

根据实验四数据处理方法，通过计算求得[S]、v、1/[S]、1/v、[I]等值。然后作双倒数图，三条曲线作在同一坐标纸上，求出 K_m、v_m、K_I，并据此判定抑制类型。

五、 注意事项

注意加入试剂以及反应时间的准确性。

六、 作业及思考题

1. 绘制 $1/v-1/[S]$ 直线图，计算 K_m、v_m、K_I 值，并判定本实验所属抑制类型。

2. K_m 大小能说明酶的什么性质？

第二部分　微生物发酵产酶实验

实验六
产淀粉酶菌株的快速筛选

一、 实验目的

学习和掌握分泌目的酶菌株的基本原理和筛选方法。

二、 实验原理

产淀粉酶的菌株能分泌淀粉酶到菌落周围的培养基中，从而水解培养基中的淀粉，加入碘酒后，淀粉遇碘变紫色，但是菌株周围的淀粉因为被水解，从而在菌落周围形成颜色较浅的透明圈（图6-1）。透明圈直径与菌落直径之比则可反映菌落分泌淀粉酶能力的高低。本方法有快速、简单易行等优点。

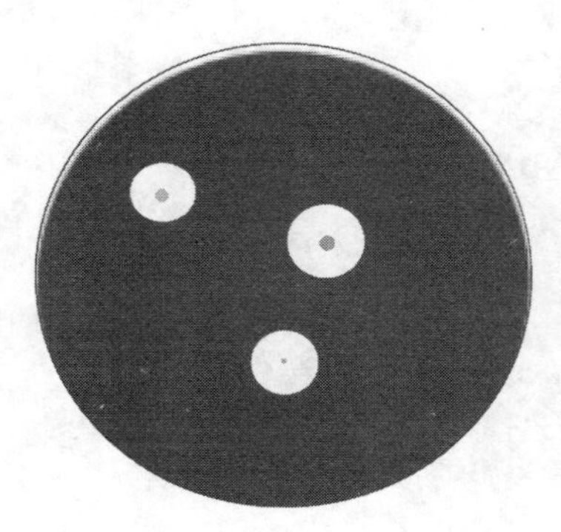

图6-1　产淀粉酶菌落形成的透明圈示意图

三、 材料、 试剂与器材

1. 菌株来源

取校园不同地点的表层土壤。

2. 试剂

（1）淀粉培养基：可溶性淀粉 12g，$NaNO_3$ 2g，K_2HPO_4 2g，KCl 1g，$MgSO_4 \cdot 7H_2O$ 1g，琼脂 20g，1000mL 蒸馏水，pH7.0，121℃灭菌 20min。

（2）2mol/L NaOH 溶液。

3. 器材

高压灭菌锅、恒温振荡培养箱、离心机、电子天平、锥形瓶、培养皿、涂布棒、移液枪、枪头、牙签、1.5mL 离心管、试管、滴管、取样器和塑料直尺。

四、 实验步骤

1. 器皿的消毒

培养皿、枪头、牙签、离心管、试管、滴管等用四层报纸包好，在 121℃下灭菌 20min，取出备用。

2. 培养基的配制与灭菌

配制淀粉培养基，121℃灭菌 20min，将灭菌后的培养基倒入培养皿，每皿大约 15mL，静置凝固备用。

3. 土样的采集及稀释

于校园不同地点采集土壤样品；取样时，用取样器向下打取 1cm 左右深度的土样，将从各个地点取得的土样混合；取样点最好选择有机质丰富的地方。

4. 富集

称取 5.0g 混合土样和 0.5g 淀粉混合，并加入适量的蒸馏水使其湿润，置于培养皿中富集培养 24h。

5. 菌种的初筛

称取 1.0g 步骤 4 所得的土样加入无菌试管中进行梯度稀释，即加入 9mL 无菌生理盐水，振荡后静置，待土壤颗粒沉降后，取上层液 1mL 转移至另一无菌试管，加入 9mL 无菌生理盐水，摇匀；从第二支试管中取出 1mL 转移至第三支无菌试管，加入 9mL 无菌生理盐水，摇匀；再从第三支试管中取出 1mL 转移至第四支无菌试管，加入 9mL 无菌生理盐水，摇匀。如此即得到稀释倍数分别为 10 倍、100 倍、1000 倍的土壤稀释液［图 6-2（a）］。

用移液枪分别吸取稀释 100 倍和 1000 倍的样品液 100μL，加入至已凝固的培养基表面，用涂布棒涂布均匀。将涂过样的培养皿倒置放置，于 30℃培养箱里培养 24h，观察菌落透明圈的出现情况。

6. 菌株的纯化

用接种环挑取长势良好且透明圈直径与菌落直径的比值较大的菌落于平板上划线分离，培养一定时间，进一步分离能形成透明圈的单菌落，并在斜面培养基中保存［图 6-2（b）］。

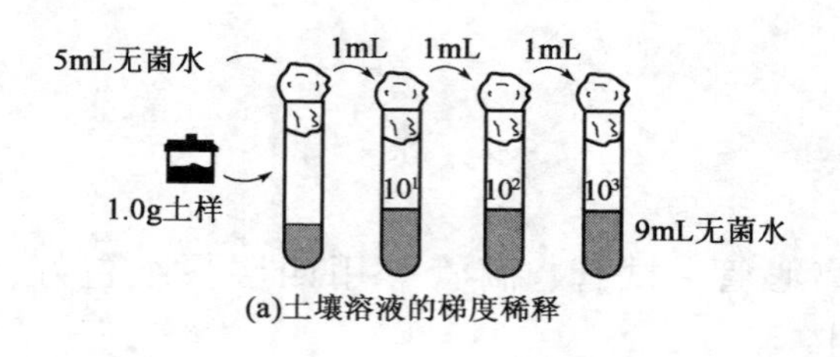

(a)土壤溶液的梯度稀释

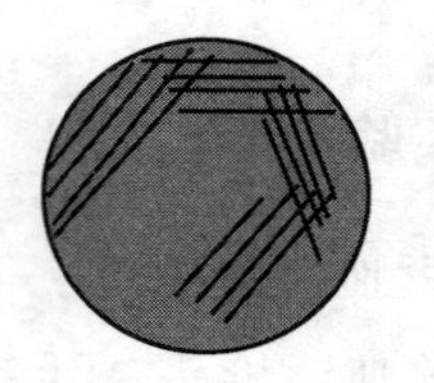
（b）平板划线分离法示意图

图 6-2 菌株的初筛与纯化

五、 注意事项

1. 倒平板之前务必将培养基摇晃均匀。

2. 无菌操作要规范，菌株的分离和纯化要在超净工作台中完成，亦可使用酒精灯，直接在实验台上完成。

六、 作业及思考题

1. 菌落产生透明水解圈的观察

用直尺分别于不同方向测量菌落和水解圈的直径大小，求平均值，并计算透明水解圈直径与菌落直径的比值，填入表 6-1。

2. 菌落的形态观察

观察并描述分离所得菌株的菌落形态，以大致了解产酶菌株属于哪一类菌。

3. 所用的涂布平板法或划线法是否较好地得到了单菌落？如果不是，请分析原因。

表 6-1　不同菌落产淀粉酶能力的比较

菌落编号	菌落直径/mm	透明圈直径/mm	透明圈直径/菌落直径	菌落形态特征

实验七
碱性蛋白酶高产菌株的选育

一、 实验目的

1. 学习用选择平板从自然界中分离胞外蛋白酶产生菌的方法。
2. 学习并掌握细菌菌株的摇瓶液体发酵技术。
3. 掌握蛋白酶活力测定的原理与基本方法。

二、 实验原理

碱性蛋白酶是一类最适合作用 pH 为碱性的蛋白酶，在轻工业、食品、医药工业中用途非常广泛。该酶最早发现于猪胰腺中，1945 年，瑞士人 Jaag 等发现地衣芽孢杆菌能够产生这类酶，从此开启了人们利用微生物生产碱性蛋白酶的历史。微生物来源的碱性蛋白酶都是胞外酶，与动植物来源的碱性蛋白酶相比具有产酶高、适合大规模工业生产的优点。因此，微生物碱性蛋白酶在整个酶制剂产业中一直都占有很大的市场份额，被认为是最重要的应用型酶类。

从自然界中筛选获取有用的微生物资源一直是微生物学的一项重要工作，也是学习微生物学的学生应该掌握的基本技能。根据最终目的不同，对有用微生物的筛选千差万别，其中能够产生胞外蛋白酶的细菌可通过在牛奶或干酪素平板上形成的蛋白水解圈很方便地筛选获取，容易保证实验的成功。能够产生胞外蛋白酶的菌株在牛奶平板上生长后，其菌落周围可形成明显的蛋白水解圈。水解圈与菌落直径的比值，常作为判断该菌株蛋白酶产生能力的初筛依据。但是，由于不同类型的蛋白酶（例如酸性或中性蛋白酶）都能在牛奶平板上形成蛋白水解圈，细菌在平板上的生长条件也和在液体环境中的生长情况相差很大，因此，在平板上形成水解圈能力强的菌株不一定就是碱性蛋白酶的高产菌株。通过初筛得到的菌株还必须用发酵培养基进行培养，通过对发酵液中蛋白酶活力的仔细调查、比较，才有可能真正得到需要的碱性蛋白酶高产菌株，这个过程被称为复筛。需要指出的是，因为不同菌株的适宜产酶条件差异很大，常需要选择多种发酵培养基进行产酶菌株的复筛工作，否则有可能漏掉一些已经得到的高产菌株。例如，本实验推荐使用的玉米粉 - 黄豆饼粉培养基可用于对芽孢杆菌属细菌的产酶能力进行比较，对于其他属种的细菌未必合适。

采用 Folin 法测定碱性蛋白酶活性。其原理是 Folin 试剂与酚类化合物（Tyr、Trp、Phe）在碱性条件下发生反应形成蓝色化合物，用蛋白酶分解酪蛋白（底物）生成含酚基的氨基酸与 Folin 试剂呈蓝色反应，通过分光光度计比色测定可知酶活大小。

三、材料、试剂与器材

1. 材料

地衣芽孢杆菌。

2. 培养基和试剂的配制

（1）牛奶平板：在蛋白胨肉汤固体培养基中添加终质量浓度为 1.5% 的牛奶。脱脂奶粉用水溶解后应单独灭菌（0.06MPa，30min），倒平板前再与加热熔化的肉汤蛋白胨培养基混合。

（2）发酵培养基：玉米粉 40g，黄豆饼粉 30g，Na_2HPO_4 4g，KH_2PO_4 0.3g，蒸馏水 1000mL，调至 pH9.0，在 0.1MPa 条件下灭菌 20min；250mL 锥形瓶的装瓶量为 30mL。

（3）硼砂 - NaOH 缓冲液（pH11.0）：准确称取硼砂 19.08g，将其溶于 1000mL 水中；再称取 NaOH 4.0g，溶于 1000mL 蒸馏水中，二液等量混合。

（4）酪蛋白（2%）：称取 2.0g 干酪素，用少量 0.5mol/L NaOH 溶液润湿后加入适量硼砂 - NaOH 缓冲液，加热溶解，定容至 100mL，4℃冰箱中保存，使用期不超过一周。

（5）0.4mol/L 三氯醋酸。

（6）0.4mol/L Na_2CO_3 溶液。

（7）Folin 试剂。

3. 器材

可见分光光度计、恒温振荡培养箱、高压灭菌锅、恒温水浴锅、锥形瓶、试管、涂布棒、玻璃棒、吸管、玻璃小漏斗、滤纸等。

四、实验步骤

1. 用选择平板分离蛋白酶产生菌株

取少量土样混于无菌水中，梯度稀释后涂布到牛奶平板上，37℃培养 30h 左右观察；用地衣芽孢杆菌作为对照菌株。

2. 产蛋白酶菌株的观察与转移

对牛奶平板上的总菌数和产蛋白酶的菌数进行记录，选择蛋白水解圈最大的10个菌落进行编号，用直尺分别测量，记录菌落和透明圈的直径，然后转接到斜面上，37℃培养过夜。

3. 用发酵培养基测定蛋白酶产生菌株的碱性蛋白酶活力

将初筛获得的10株蛋白酶产生菌和作为对照的地衣芽孢杆菌一起接种到发酵培养基中，37℃、200r/min摇床培养48h。为避免误差，有条件的情况下上述菌株每个应平行接种3瓶发酵培养基。

4. 酶活力的测定

（1）酶活力标准曲线的制作：用酪氨酸配制0~100μg/mL的标准溶液，取不同浓度的酪氨酸溶液1mL与5mL 0.4mol/L Na_2CO_3、1mL Folin试剂混合，40℃水浴中显色30min，680nm测定光密度值，以光密度值为纵坐标、酪氨酸浓度为横坐标绘制标准曲线，进行线性拟合，得到标准曲线方程；求出光密度为1时相当的酪氨酸质量（μg），即K值（对普通721型分光光度计，采用0.5cm比色杯测定的K值一般在200μg左右）。

（2）测定碱性蛋白酶活力：将发酵液离心或过滤后按照表7-1中从上到下的顺序测定碱性蛋白酶的活力。

表7-1 酶活力测定程序

<table>
<tr><th>空白对照</th><th>样品</th></tr>
<tr><td>1mL发酵液（或其稀释液）</td><td>1mL发酵液（或其稀释液）</td></tr>
<tr><td>3mL 0.4mol/L三氯醋酸溶液</td><td>1mL酪蛋白（2%）溶液</td></tr>
<tr><td>1mL酪蛋白（2%）溶液</td><td>40℃水浴保温10min</td></tr>
<tr><td></td><td>3mL 0.4mol/L三氯醋酸溶液</td></tr>
<tr><td colspan="2">静置15min，使蛋白质沉淀完全，然后用滤纸过滤，滤液应清亮，无絮状物</td></tr>
<tr><td colspan="2">取滤液1mL</td></tr>
<tr><td colspan="2">加5mL 0.4mol/L Na_2CO_3溶液</td></tr>
<tr><td colspan="2">加1mL Folin试剂</td></tr>
<tr><td colspan="2">40℃水浴保温20min，于680nm处测定光密度值</td></tr>
</table>

五、注意事项

1. 选择家畜饲养、屠宰等动物性蛋白丰富的地方土壤中筛选获得高产蛋白酶菌株。

2. 制备牛奶平板时，脱脂奶粉用水溶解后应单独灭菌（0.06MPa，30min），倒平板前再与加热熔化的肉汤蛋白胨培养基混合。

3. 配制2%酪蛋白时，用于湿润干酪素的NaOH的量不宜过多，否则会影响配制溶液的pH值；加热溶解过程中可使用玻璃搅拌棒不断地碾压干酪素颗粒，帮助其溶解。

六、 作业及思考题

1. 酶活力计算方法

碱性蛋白酶活力单位U，以每毫升或每克样品40℃、pH = 11（或其他碱性pH值条件下）条件下，每分钟水解酪蛋白所产生的酪氨酸质量（μg）来表示。

$$酶活力（U） = KAN \times 5/10$$

式中，K为由标准曲线求出光密度为1时相当的酪氨酸质量，μg；N为稀释倍数；A为样品OD值与空白对照OD值之差；5表示测定中吸取的滤液是全部滤液的1/5；10表示酶反应时间为10min。

2. 实验结果的记录

将结果填入表7-2中，并对每个菌株的菌落情况进行简单说明。

表7-2　结果记录表

菌株编号	菌落直径	蛋白水解圈直径	蛋白水解圈/菌落直径	发酵液中酶活力			
				1	2	3	平均酶活
对照							

注：对照为地衣芽孢杆菌。

第三部分　酶的提取与分离纯化实验

实验八
酵母中蔗糖酶的提取及酶活测定

一、 实验目的

1. 了解酶的纯化方法。
2. 掌握利用 DNS 法测定还原糖量。

二、 实验原理

蔗糖酶（β-D-呋喃果糖苷果糖水解酶）（EC 3. 2. 1. 26）能特异地催化非还原糖中的 α-呋喃果糖苷键水解，具有相对专一性。它不仅能催化蔗糖水解生成葡萄糖和果糖，也能催化棉子糖水解，生成蜜二糖和果糖。每水解 1mol 蔗糖，就生成 2mol 还原糖。还原糖的测定有多种方法，本实验采用 3，5－二硝基水杨酸比色法（DNS 法）测定还原糖量，由此可得知蔗糖水解的速度。

在研究酶的性质、作用、反应动力学等问题时都需要使用高度纯化的酶制剂以避免干扰。酶的提纯工作往往要求多种分离方法交替应用，才能得到较为满意的效果。常用的提纯方法有盐析、有机溶剂沉淀、选择性变性、离子交换色谱、凝胶过滤、亲和色谱等。酶蛋白在分离提纯过程中易变性失活，为能获得尽可能高的产率和纯度，在提纯操作中要始终注意保持酶的活性，如在低温下操作等，这样才能收到较好的分离效果。本实验用新鲜酵母为原料，酵母中蔗糖酶含量丰富，通过破碎细胞、热处理等步骤提取蔗糖酶，并对其酶活进行测定。

三、 材料、 试剂与器材

1. 材料

干酵母，石英砂。

2. 试剂

（1） DNS 试剂（3，5－二硝基水杨酸）：将 6.3g DNS 和 262mL 2mol/L NaOH 溶液加到 500mL 含有 185g 酒石酸钾钠的热水溶液中，再加 5g 结晶酚和 5g 亚硫酸钠，搅拌溶解，冷却后加蒸馏水定容至 1000mL，贮于棕色瓶中备用。

（2） 醋酸缓冲液（pH 4.6）：取醋酸钠 5.4g，加水 50mL 使溶解，用冰醋酸调节 pH 值至 4.6，再加水稀释至 100mL。

（3） 1mol/L 醋酸溶液。

（4） 2mol/L NaOH 溶液。

（5） 5% 蔗糖溶液。

3. 器材

电子天平、离心机、可见分光光度计、恒温水浴锅、电炉、研钵、试管、锥形瓶、量筒、移液管。

四、 实验步骤

1. 破碎细胞

取 2g 干酵母于研钵中，加入 2g 石英砂，加 30mL 去离子水，研磨 15min，放入冰箱冷冻室（－20℃）冰冻约 20min，研磨液面上刚出现结冰为宜。取出冷冻酵母，再研磨 5min 后，在 5000r/min 条件下离心 12min，小心取出上清液（组分一）并量出体积 V_1，分别取 0.5mL 上清液到试管 A、B 中，剩余上清液倒入锥形瓶。

2. 纯化

把锥形瓶中的上清液用 1mol/L 醋酸溶液调 pH 至 5.0，迅速放入到 55℃ 的水浴中，保温 30min。迅速冷却。在 5000r/min 条件下离心 12min，取出上清液（组分二）并量出体积 V_2，分别取 0.5mL 上清液到试管 C、D 中。

3. 酶反应

取 4 支试管，分别按顺序加入表 8-1 中的反应物。

表 8-1　酶反应各试管中物质加入量

试管编号	①酶液	②氢氧化钠溶液	③醋酸缓冲液	④蔗糖溶液
A（对照管）	0.5mL	1mL	1mL	1mL
B	0.5mL	—	2mL	1mL
C（对照管）	0.5mL	1mL	1mL	1mL
D	0.5mL	—	2mL	1mL

试管中反应物在30℃水浴中反应10min后，向B、D管中立即各加入1mL 2mol/L NaOH溶液终止反应，向A、C管中各加入1mL蒸馏水。

4. 酶催化产物检测

取5支试管，分别加入表8-2中的反应物。

表 8-2　酶催化产物检测各试管中物质加入量

试管编号	反应液	DNS试剂
1	0.5mL A	0.5mL
2	0.5mL B	0.5mL
3	0.5mL C	0.5mL
4	0.5mL D	0.5mL
5（空白）	0.5mL 蒸馏水	0.5mL

试管中反应物在沸水浴中反应5min，冷却后，加入4mL蒸馏水。将各试管摇匀，用空白管溶液（5号管）调零点，测定各管的光密度值 OD_{520nm}。

五、 作业及思考题

1. 制作标准曲线。

取9支试管，按表8-3加入试剂。

表 8-3　标准曲线的制作

试剂	试管号								
	1	2	3	4	5	6	7	8	9
1.0g/L葡萄糖溶液/mL	0.00	0.05	0.10	0.20	0.30	0.40	0.50	0.60	0.70
蒸馏水/mL	2.0	1.95	1.90	1.80	1.70	1.60	1.50	1.40	1.30
DNS溶液/mL	1.0	1.0	1.0	1.0	1.0	1.0	1.0	1.0	1.0
各管溶液混合均匀，沸水浴中加热5min，取出立即冷却至室温，再向每管加入7mL蒸馏水，摇匀，于520nm测光密度值									

续表

试剂	试管号								
	1	2	3	4	5	6	7	8	9
OD_{520nm}									
OD_{520nm}平均值									

以还原糖（mg）为横坐标、OD_{520nm}值为纵坐标制作标准曲线。

2. 按表8-4记录实验结果，计算蔗糖酶活力，并解释。

蔗糖酶活力（U）＝每分钟水解产生1μmol葡萄糖所需的酶量（mL）。

表8-4　结果记录表

结果	试管号			
	A	B	C	D
OD_{520nm}				
葡萄糖/μmol				
蔗糖酶活力/(U/mL)				

实验九
α-淀粉酶的提取及活力测定

一、 实验目的

学习和掌握测定α-淀粉酶活力的原理和方法。

二、 实验原理

淀粉经淀粉酶作用后生成葡萄糖、麦芽糖等小分子物质从而被机体利用。淀粉酶主要包括α-淀粉酶和β-淀粉酶两种。α-淀粉酶可随机作用于淀粉中的α-1,4-糖苷键，生成葡萄糖、麦芽糖、麦芽三糖、糊精等还原糖，同时使淀粉的黏度降低，因此又称为液化糖酶。β-淀粉酶可从淀粉的非还原性末端进行水解，每次水解下一分子麦芽糖，故又称为糖化酶。淀粉酶催化产生的这些还原糖能使3,5-二硝基水杨酸还原，生成棕色的3-氨基-5-硝基水杨酸。

淀粉酶活力的大小与产生的还原糖的量成正比。用标准浓度的麦芽糖溶液制作标准曲线，用比色法测定淀粉酶作用于淀粉后生成的还原糖的量，以单位质量样品一定时间内生成的麦芽糖的量来表示酶活力。

淀粉酶存在于几乎所有的植物中，特别是萌发后的禾谷类种子，淀粉酶活力最强，其中主要是α-淀粉酶和β-淀粉酶。两种淀粉酶的特性不同，α-淀粉酶不耐酸，在pH3.6以下迅速钝化。β-淀粉酶不耐热，在70°C加热15min钝化。根据它们的这种特性，在测定活力时钝化其中之一，就可以测出另一种淀粉酶的活力。本实验采用加热的方法钝化β-淀粉酶，测出α-淀粉酶的活力。

三、 材料、 试剂与器材

1. 材料

萌发的小麦种子（芽长约1cm）。

2. 试剂

（1）标准麦芽糖溶液（1mg/mL）：精确称取100mg麦芽糖，用蒸馏水溶解并定容至100mL。

（2）3,5-二硝基水杨酸试剂：精确称取3,5-二硝基水杨酸1g，溶于20mL、2mol/L NaOH溶液中，加入50mL蒸馏水，再加入30g酒石酸钾钠，待溶解后用蒸馏水定容至100mL。盖紧瓶塞，勿使CO_2进入。若溶液浑浊可过滤后使用。

（3）0.1mol/L pH5.6的柠檬酸缓冲液：

① A液（0.1mol/L柠檬酸），称取$C_6H_8O_7 \cdot H_2O$ 21.01g，用蒸馏水溶解并定容至1L。

② B液（0.1mol/L柠檬酸钠），称取$Na_3C_6H_8O_7 \cdot 2H_2O$ 29.41g，用蒸馏水溶解并定容至1L。

取A液55mL与B液145mL混匀，即为0.1mol/L pH5.6柠檬酸缓冲液。

（4）1%淀粉溶液：称取1g淀粉溶于100mL 0.1 mol/L pH5.6的柠檬酸缓冲液中。

3. 器材

离心管、离心机、移液枪、枪头、研钵、电炉、50mL和100mL容量瓶各一个、恒温水浴锅、试管、试管架、可见分光光度计等。

四、 实验步骤

1. 麦芽糖标准曲线的制作

取7支干净的试管，编号，按表9-1加入试剂。

表9-1 制作麦芽糖标准曲线时各物质加入量

项目	试管号						
	1	2	3	4	5	6	7
麦芽糖标准液/mL	0	0.2	0.6	1.0	1.4	1.8	2.0
蒸馏水/mL	2.0	1.8	1.4	1.0	0.6	0.4	0
麦芽糖/mg	0	0.2	0.6	1.0	1.4	1.8	2.0
3,5-二硝基水杨酸/mL	2.0	2.0	2.0	2.0	2.0	2.0	2.0

摇匀，置沸水中煮沸5min，取出后流水冷却，加蒸馏水定容至20mL。以1号管作为空白调零点，在540nm波长下比色测定光密度。以麦芽糖含量为横坐标、光密度为纵坐标，绘制标准曲线。

2. 淀粉酶液的制备

称取1g萌发3天的小麦种子，置于研钵中，加入少量石英砂和2mL蒸馏水，研磨匀浆。将匀浆倒入离心管，用6mL蒸馏水分次将残渣洗入离心管。提取液在室温下放置提取 15 ~ 20min，每隔数分钟搅动一次，使其充分提取。然后在 3000r/min 转速下离心 10min，将上清液倒入 100mL 容量瓶中，加蒸馏水定容至刻度，摇匀，即为淀粉酶原液，用于 α-淀粉酶活力测定。

3. 酶活力测定

取 3 支干净试管，编号，按表 9-2 α-进行操作。

表 9-2　α-淀粉酶活力测定取样表

项目	α-淀粉酶活力测定		
	Ⅰ-1	Ⅰ-2	Ⅰ-3
淀粉酶原液/mL	1.0	1.0	1.0
钝化 β-淀粉酶	置 70°C 水浴 15min，冷却		
3,5-二硝基水杨酸/mL	2.0	0	0
预保温	将各试管和淀粉溶液置于 40℃恒温水浴中保温 10min		
1% 淀粉溶液/mL	1.0	1.0	1.0
保温	在 40℃恒温水浴中准确保温 5min		
3,5-二硝基水杨酸/mL	0	2.0	2.0

将各试管摇匀，显色后进行比色测定光密度，记录测定结果，操作同标准曲线。

五、 注意事项

1. 样品提取液的定容体积和酶液稀释倍数可根据不同材料酶活性的大小而定。

2. 为了确保酶促反应时间的准确性，在进行保温这一步骤时，可以将各试管每隔一定时间依次放入恒温水浴，准确记录时间，到达 5min 时取出试管，立即加入 3,5-二硝基水杨酸以终止酶反应，以便尽量减小因各试管保温时间不同而引起的误差。同时，恒温水浴的温度变化应不超过 ±0.5℃。

3. 如果条件允许，各实验小组可采用不同的材料，例如萌发 1d、2d、3d、4d 的小麦种子，比较测定结果，以了解萌发过程中这两种淀粉酶活性的变化。

六、 作业及思考题

1. 计算Ⅰ-2、Ⅰ-3 光密度平均值与Ⅰ-1 光密度之差，在标准曲线上查出相应的麦芽糖含量（mg），按下列公式计算α-淀粉酶的活力。

$$\alpha\text{-淀粉酶活力}=\frac{\text{麦芽糖含量（mg）}\times\text{淀粉酶原液总体积（mL）}}{\text{样品质量（g）}}$$

2. 为什么要将Ⅰ-1、Ⅰ-2、Ⅰ-3试管中的淀粉酶原液置于70℃水浴中保温15min？

3. 为什么要将各试管中的淀粉酶原液和1%淀粉溶液分别置于40℃水浴中保温？

实验十
酸性磷酸酯酶的提取和酶活力测定

一、 实验目的

1. 掌握胞内酶的分离提取方法。
2. 掌握酸性磷酸酯酶的活力测定方法。

二、 实验原理

酸性磷酸酯酶存在于植物的种子、霉菌、肝脏和人体的前列腺之中，能专一性地水解磷酸单酯键。本实验以绿豆芽为材料，磷酸苯二钠为底物。磷酸苯二钠经酸性磷酸酯酶作用，可水解生成酚和无机磷（图 10-1）。当有足量底物磷酸苯二钠存在时，酸性磷酸酯酶的活力越大，所生成的产物酚和无机磷也越多。根据酶活力单位的定义，在酶促反应的最适条件下每分钟生成 1μmol 产物所需要的酶量为 1 个活力单位，因此可用 Folin-酚法测定产物酚或用定磷法测定无机磷来表示酸性磷酸酯酶的活力。

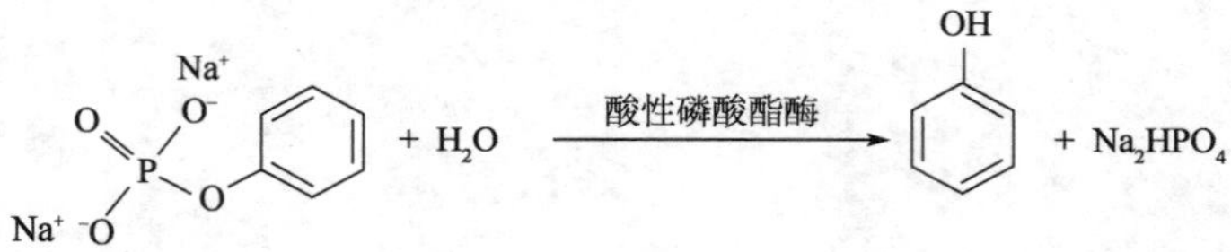

$$\text{磷酸苯二钠} + H_2O \xrightarrow{\text{酸性磷酸酯酶}} \text{苯酚(OH)} + Na_2HPO_4$$

图 10-1 酸性磷酸酯酶催化磷酸苯二钠的水解

三、 材料、 试剂与器材

1. 材料

绿豆芽（当日采摘，50g）。

2. 试剂

（1）0.2mol/L 的 pH5.6 醋酸盐缓冲液：①A 液（0.2mol/L 醋酸），量取 11.4mL 冰醋酸，用蒸馏水定容至 1L；②B 液（0.2mol/L 醋酸钠），称取 16.4g 无水醋酸钠，用蒸馏水溶解定容至 1L；③取 A 液 4.8mL 与 B 液 45.2mL 混匀，即为 0.2mol/L 的 pH5.6 醋酸盐缓冲液。

（2）酸性磷酸酯酶液：取原酶液用0.2mol/L的pH5.6醋酸盐缓冲液稀释10～20倍。

（3）5mmol/L磷酸苯二钠溶液（pH5.6）：精确称取磷酸苯二钠2.54g，加蒸馏水溶解后定容至100mL，即配成100mmol/L磷酸苯二钠水溶液，密闭保存备用。用0.2mol/L的pH5.6醋酸盐缓冲液稀释20倍，即得5mmol/L磷酸苯二钠溶液（pH5.6）。

（4）Folin试剂：于200mL磨口回流装置内加入钨酸钠100g、钼酸钠25g、水700mL、85%磷酸50mL以及浓盐酸100mL。微火回流10h后加入硫酸锂150g、蒸馏水50mL和溴数滴摇匀。煮沸约15min，以驱残溴，溶液呈黄色，轻微带绿色；如仍呈绿色，可重复加液体溴的步骤。冷却定容到1000mL，过滤，置于棕色瓶中可长期保存，使用前，用蒸馏水稀释3倍。

（5）1mol/L碳酸钠溶液。

（6）0.4mmol/L酚标准溶液：精确称取分析纯的酚结晶0.94g溶于0.1mmol/L盐酸溶液中，定容至1000mL，即为酚标准贮存液，贮存于冰箱中可永久保存，此时酚浓度约为0.01mol/L。使用前将上述的酚标准贮存液用蒸馏水稀释25倍，即得到0.4mmol/L酚标准溶液。

3. 器材

高速离心机，可见分光光度计，电子天平，恒温水浴锅，移液枪，滴管，漏斗，纱布，滤纸，研钵，培养皿，量筒，试管，试管架。

四、实验步骤

1. 酸性磷酸酯酶的提取

（1）材料处理　将绿豆芽掐去根和叶得绿豆芽茎，称取50g的绿豆芽茎，在研钵中彻底研碎，室温静置30min，在培养皿中用双层纱布挤滤，得到滤液。

（2）离心　将滤液移至2支离心管中，平衡后放入离心机中，以4000r/min的速度离心20min。

（3）酶液回收　将离心管中大部分上清液转移至量筒中，少部分接近沉淀物的上清液经滤纸过滤，一并收入量筒中以测量体积，然后转移至锥形瓶中，做好标记，用塑料薄膜密闭，作为“原酶液”在冰箱中保存备用。

2. 酸性磷酸酯酶酶活力的测定

（1）标准曲线的制作　取试管6支，编号，空白为0号，按照表10-1

操作。

表 10-1　标准曲线的制作

试剂/mL	试管号					
	0	1	2	3	4	5
0.4mmol/L 酚标准溶液	0	0.1	0.2	0.3	0.4	0.5
0.2mol/L pH5.6 醋酸盐缓冲液	1	0.9	0.8	0.7	0.6	0.5
1mol/L 碳酸钠溶液	5.0	5.0	5.0	5.0	5.0	5.0
Folin 试剂	0.5	0.5	0.5	0.5	0.5	0.5
摇匀，35°C 保温显色 10min 以上						
OD_{680nm} 值						

以 0 号试管为空白，在可见分光光度计上 680nm 波长处读取各管的光密度 OD_{680nm}，以 OD_{680nm} 作为横坐标，酚标准溶液的体积（mL）为纵坐标作一标准曲线，此曲线应是一条直线。

（2）酶活力测定　取 2 支试管，按表 10-2 编号和操作。

表 10-2　酶活力测定

实验步骤	试管号	
	1′号试管	0′号试管
5mmol/L 磷酸苯二钠溶液/mL	0.5	0.5
35℃预热 2min		
酶液（35℃预热，mL），加入立刻计时	0.5	0
精确反应 10min，加入 1mol/L 碳酸钠溶液 5mL		
Folin 试剂/mL	0.5	0.5
0′号试管加入酶液 0.5mL		
摇匀，35℃保温显色 10min 以上		
OD_{680nm} 值		

用可见分光光度计测 1′号试管在 680nm 处光密度值 OD_{680nm}，注意加样顺序要正确，否则不能显色。

（3）酶活力的计算　用 1′号试管的 OD_{680nm} 在标准曲线上查出其在对应的酚标准溶液的体积（V，单位 mL），根据下列公式，可计算出 1mL 酶液中所含有的酶的活力：酶活力 $= 2 \times 0.4 \times V \times 1000/10$。

五、 注意事项

1. 酶促反应应保持在温和条件下进行，避免反应液剧烈搅拌或振荡。

2. 实验前要设计好试管的加样顺序，确保反应时间的准确性。

3. 酶促反应的加样顺序要正确，否则无法显色。

六、 作业及思考题

完成表10-3，计算1mL酶液的酸性磷酸酯酶活力。

表10-3 结果记录表

试管	0	1	2	3	4	5	0′	1′
OD_{680nm}								
V/mL								
1mL酶液的活力								

实验十一
溶菌酶的制备及活力测定

一、实验目的

1. 掌握从鸡蛋清中制备溶菌酶的原理和方法。
2. 掌握用菌悬液测定溶菌酶活力的原理和方法。

二、实验原理

溶菌酶能催化革兰氏阳性菌（如溶壁微球菌 *Micrococcus lysodeikticu*）的细胞壁黏多糖水解，因此可以溶解以黏多糖为主要成分的细菌细胞壁。溶菌酶对革兰氏阳性菌作用后，细胞壁溶解，细菌解体，菌悬液的透明度增加。透明度增加的程度与溶菌酶的活力成正比。因此，通过测定菌悬液透光度的增加（650nm 波长）来测定溶菌酶的活力。

三、材料、试剂与器材

1. 试剂和材料

（1）鸡蛋清（pH 不低于 8.0）1000mL。

（2）NaCl 固体。

（3）1mol/L NaOH 溶液。

（4）1mol/L HCl 溶液。

（5）丙酮。

（6）溶菌酶晶体：5% 溶菌酶溶液 10mL，加 0.5g NaCl，用 NaOH 调节 pH 至 9.5～10.0，溶液放置于 4℃ 冰箱，溶菌酶即结晶出来。

（7）0.1mol/L 磷酸盐缓冲液（pH6.2）。

（8）乙二胺四乙酸钠。

（9）溶壁微球菌（*Micrococcus lysodeikticu*）。

2. 器材

试管及试管架，恒温水浴锅，电动搅拌器，大烧杯，玻璃缸，显微镜，离心机，恒温箱，锥形瓶（250mL），振荡器，真空干燥器等。

四、 操作步骤

1. 溶菌酶的制备

(1) 取两个新鲜鸡蛋清（pH 不低于 8.0），搅拌 5min 左右，使蛋清稠度均匀，用 3 层纱布过滤，去除脐带块等，测量其体积，记录。

(2) 按 100mL 蛋清加 5g NaCl 的比例，向蛋清中慢慢加入 NaCl 细粉，边加边搅拌，使 NaCl 及时溶解，避免 NaCl 沉于容器底部，否则可使局部盐浓度过高而产生大量白色沉淀。

(3) 再加入少量溶菌酶结晶作为晶种，置于 4°C 冰箱中，1 周后观察，待见到结晶后，取结晶一滴于载玻片上，用显微镜（100 ×）观察，记录晶形。

(4) 结晶于布氏漏斗上过滤收集，用丙酮洗涤脱水，置于真空干燥器干燥。

2. 酶活力测定

(1) 底物制备　将溶壁微球菌菌种接种于斜面培养基上，28℃培养 4h，用蒸馏水将菌体刮洗下来，若掺杂有培养基则用纱布过滤除去，以 4000 r/min离心 10min，离心收集滤液中的菌体，倾去上层清液，用蒸馏水洗菌体数次，离心去上清，收集菌体，用少量水悬浮，冷冻干燥。亦可将菌体涂于玻璃板上成一薄层，冷风吹干后刮下，菌粉于干燥器中保存。

(2) 底物的配制　称取干菌粉 5mg，加入少量 0.1mol/L 磷酸盐缓冲液（pH6.2），在匀浆器内研磨 2min，倒出，稀释至 20 ~ 25mL。此时菌悬液在 650nm 波长处的光密度值（OD_{650nm}值）应在 0.5 ~ 0.7 之间。

(3) 酶液的制备　准确称取 5mg 溶菌酶结晶样品，用 0.1mol/L（pH6.2）的磷酸盐缓冲液稀释成 1mg/mL 的酶液。临用前稀释 20 倍，使其浓度达到 50μg/mL。

(4) 测定酶活力　先将底物（菌悬液）及酶的应用液分别置于 25°C 恒温水浴中 10 ~ 15min，再将菌悬液摇匀，吸取 4mL，放入比色杯中，测定OD_{650nm}值，此即为零时读数；然后吸取 0.2mL 酶的应用液（相当于 10μg 酶量）加到比色杯中，迅速混合；同时用秒表计算时间，每隔 30s 记录 OD_{650nm}值，到 120s 时共记下 5 个 OD_{650nm} 值。以时间为横坐标、OD_{650nm} 为纵坐标作图。最初一段时间（30s 左右）因稀释会有假象，数据不很可靠，因此计算时应取直线部分。

（5）测定酶样品的蛋白质含量　用 Folin-酚法测定酶样品的蛋白质含量，标准蛋白质可用凯氏定氮法测其含量。

（6）酶活力测定　每分钟 OD_{650nm} 下降 0.001 为一个活力单位（25℃，pH6.2）。

$$P = \frac{OD_{650nm} - OD'_{650nm}}{m} \times 1000$$

式中，P 为每毫克酶的活力单位，U/mg；OD_{650mm} 为零时 650nm 处的光密度；OD'_{650mm} 为 1min 时 650nm 处的光密度；m 为样品的质量，mg。

五、注意事项

1. 为防止蛋白变性，搅拌鸡蛋清时不能起泡，保持一个搅拌方向，使用光滑的玻璃棒进行搅拌。

2. 氯化钠细粉应慢慢加入，并边加边搅，防止因局部盐浓度过高而产生大量白色沉淀。

3. 调 pH 时，氢氧化钠应随加随搅匀，避免局部过碱。

4. 底物悬液中加入酶液后应迅速摇匀并从加入酶液开始计时。

六、作业及思考题

1. 计算制备的溶菌酶的酶活力。

2. 请说出其他提取和纯化溶菌酶的方法，写出相关的方法及原理。

实验十二
大蒜细胞 SOD 的提取和分离

一、 实验目的

1. 掌握从大蒜细胞中提取与纯化 SOD 的原理和方法。
2. 掌握邻苯三酚自氧化法测定 SOD 酶活的方法。

二、 实验原理

超氧化物歧化酶（SOD）是一种具有抗氧化、抗衰老、抗辐射和消炎作用的药用酶。它可催化超氧负离子（O_2^-）进行歧化反应，生成氧和过氧化氢。大蒜蒜瓣和悬浮培养的大蒜细胞中含有较丰富的 SOD，通过组织或细胞破碎后，可用 pH7.8 磷酸缓冲液提取出来。由于 SOD 不溶于丙酮，可用丙酮将其沉淀析出。

超氧化物歧化酶（SOD）是一种亲水性的酸性酶蛋白，在酶分子上共价连接金属辅基，按照其结合的金属离子，主要可分为 Fe-SOD、Mn-SOD 和 Cu/Zn-SOD 3 种。Cu/Zn-SOD 是分布最广而且是最重要的 SOD，主要存在于真核细胞的细胞质内，分子量约为 32000，一般由两个亚基组成。SOD 对热、pH 以及某些理化性质有很强的稳定性，即使温度达到 60℃，经短时处理酶活几乎无损失；同时，酶活性不受乙醇和氯仿影响，但 Cu/Zn-SOD 对氰化物及过氧化氢均敏感。Cu/Zn-SOD 由于色氨酸含量低，其最大紫外吸收为 258nm，由于含铜，所以在 680nm 可见光处有最大吸收。国内测定 SOD 活力一般采用邻苯三酚自氧化法或改良的邻苯三酚自氧化法。在碱性条件下，邻苯三酚会迅速自氧化生成有色中间产物，同时生成 O_2^-。中间产物在 325nm 和 420nm 波长处均有强烈的光吸收。邻苯三酚的自氧化速率与 O_2^- 的浓度有关。当有 SOD 存在时，由于它可催化 O_2^- 的歧化反应，生成氧和过氧化氢，从而抑制邻苯三酚的自氧化，阻止了中间产物的积累。因此，可通过监测 SOD 对这个反应的抑制程度，间接测定 SOD 活力。大蒜中的 SOD 属于 Cu/Zn-SOD。

三、 材料和试剂

（1）新鲜蒜瓣。

（2）磷酸缓冲液（0.05mol/L，pH7.8）。

（3）氯仿-乙醇混合液（氯仿∶无水乙醇 =3∶5）。

（4）丙酮：用前需预冷至4～10℃。

（5）碳酸盐缓冲液（0.05mol/L，pH10.2）。

（6）EDTA 溶液（0.1mol/L）。

（7）肾上腺素溶液（2mmol/L）。

四、 实验步骤

1. 组织细胞破碎

称取5g 大蒜蒜瓣，置于研钵中研磨。

2. SOD 的提取

破碎后的组织中加入2～3倍体积的0.05mol/L 磷酸缓冲液（pH7.8），继续研磨20min，使 SOD 充分溶解到缓冲液中，然后在5000r/min 下离心15min，取上清液。

3. 除杂蛋白

上清液加入0.25体积的氯仿-乙醇混合液搅拌15min，5000r/min 离心15min，得到的上清液为粗酶液。

4. SOD 的沉淀分离

粗酶液中加入等体积的冷丙酮，搅拌15min，5000r/min 离心15min，得 SOD 沉淀。将 SOD 沉淀溶于0.05mol/L 磷酸缓冲液（pH7.8）中，于55～60℃热处理15min，得到 SOD 酶液。

5. SOD 活力测定

将上述提取液、粗酶液和酶液分别取样，分别测定其 SOD 酶活力（表12-1）。

表12-1 SOD 活力测定

试剂	空白管	对照管	样品管
碳酸盐缓冲液/mL	5.0	5.0	5.0
EDTA 溶液/mL	0.5	0.5	0.5
蒸馏水/mL	0.5	0.5	—
样品液/mL	—	—	0.5
混合均匀，在30℃水浴中预热5min			
肾上腺素溶液/mL	—	0.5	0.5

加入肾上腺素后，继续保温2min，然后立即在560nm处测定光密度。对照管和样品管的光密度值分别为A和B。

在上述条件下，SOD抑制肾上腺素自氧化50%所需的酶量定义为1个酶活力单位。即：

$$酶活力（单位）=2(A-B)N/A$$

式中，N为样品稀释倍数；2为抑制肾上腺素自氧化50%的换算系数。

五、 注意事项

1. 酶液提取时，为了尽可能保持酶的活性，尽可能在冰浴中研磨，在低温条件下离心。

2. 肾上腺素容易被氧化，故操作时要尽量快。

六、 作业及思考题

根据提取液、粗酶液和酶液的酶活力和体积，计算纯化提取率。

实验十三 离子交换色谱法分离蛋白

一、实验目的

掌握离子交换色谱的原理和操作方法。

二、实验原理

离子交换色谱是以离子交换剂为固定相，以特定的含离子的溶液为流动相，利用离子交换剂对需要分离的各种离子结合力的差异而将混合物中不同离子进行分离的色谱技术。Sober 和 Peterson 于 1956 年首次将离子交换基团结合到纤维素上，制成了离子交换纤维素，成功地应用于蛋白质的分离，从此使生物大分子的分级分离方法取得了迅速的发展。离子交换基团不但可结合到纤维上，还可结合到交联葡聚糖（sephadex）和琼脂糖凝胶（sepharose）上。近年来离子交换色谱技术已经广泛应用于蛋白质、酶、核酸、肽、寡核苷酸、病毒、噬菌体和多糖的分离和纯化。它的优点是：①具有开放性的支持骨架，大分子可以自由进入和迅速扩散，故吸附容量大；②具有亲水性，对大分子的吸附不大牢固，用温和条件便可以洗脱，不致引起蛋白质变性或酶的失活；③具有多孔性，表面积大，交换容量大，回收率高，可用于分离和制备。

离子交换剂通常是一种不溶性高分子化合物，如树脂、纤维素、葡聚糖、醇脂糖等，它的分子中含有可解离的基团，这些基团在水溶液中能与溶液中的其他阳离子或阴离子起交换作用。虽然交换反应都是平衡反应，但在色谱柱上进行时，由于连续添加新的交换溶液，平衡不断按正方向进行，直至完全。因此，可以把离子交换剂上的原子离子全部洗脱下来。同理，当一定量的溶液通过交换柱时，由于溶液中的离子不断被交换而浓度逐渐减小，因此也可以全部被交换并吸附在树脂上。如果有两种以上的成分被交换吸附在离子交换剂上，用洗脱液洗脱时，其被洗脱的能力则取决于各自洗脱反应的平衡常数。蛋白质的离子交换过程有两个阶段——吸附和解吸附。可以通过改变 pH 使吸附在离子交换剂上的蛋白质失去电荷而达到解离，但更多的是通过增加离子强度，使加入的离子与蛋白质竞争离子交换剂上的电荷位置，使吸附的蛋白质与离子交换剂解吸附。不同蛋白质与离子交换剂之间形成电键的数目不同，即亲和力大小有差异，因此，只要选择适当的洗脱条件便可将混合物中的组分逐个洗脱下来，达到分离纯化的目的[图 13-1(a)]。常用的离子交换剂有离子交换纤维素、离子交换葡聚糖和离子交换树脂等。

其中，阴离子交换树脂分离蛋白质的原理和方法为：将阴离子交换树脂（本身带正电荷）颗粒填充在色谱管内，带负电荷的蛋白质（$pH > pI$）就被吸引，但由于各种蛋白质所带电荷的种类和数量不同，它们被吸引的程度也不同[图 13-1(b)]。然后再用含阴离子（如 Cl^-）的溶液洗柱，含电荷少的蛋白质首先被洗脱下来，增加 Cl^- 浓度，含电荷多的蛋白质也被洗脱下来，于是两种蛋白质被分开。

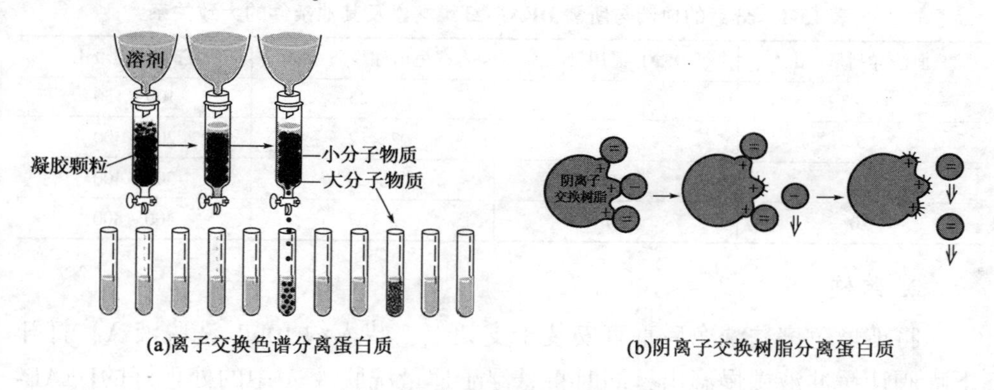

图 13-1　离子交换色谱原理图

三、 试剂和器材

1. 试剂

（1）蛋白质样品液：鸡卵清蛋白（$pI = 4.6$），核糖核酸酶（$pI = 7.8$），细胞色素 c（$pI = 10.6$），胰岛素（$pI = 5.3$）。

（2）洗脱液 A：0.05mol/L Tris · HCl 缓冲液，pH 7.5。洗脱液 B：0.05mol/L Tris · HCl 缓冲液，pH7.5，含有 1.0mol/L NaCl。

（3）DEAE-纤维素。

（4）0.5mol/L HCl。

（5）0.5mol/L NaOH。

2. 器材

玻璃色谱柱（20mL），梯度混合器，核酸蛋白检测仪，记录仪，部分收集器，试管，电子天平，pH 计等。

四、 实验步骤

1. 离子交换剂的预处理

称取 1.8g DEAE-纤维素置于小砂芯漏斗中，纤维素的用量可参考表 13-1。先在 20mL 0.5mol/L NaOH 中浸泡 30min，不时搅拌，用双蒸水洗至中性；再用 20mL 0.5mol/L HCl 浸泡 30min 后，水洗至中性；最后用 20mL 0.5mol/L NaOH 浸泡 30min 后水洗至中性。

表 13-1　分离的血清与所需 DEAE-纤维素量及其他条件的大致关系

血清样品量/mL	DEAE 需用量/g	选色谱柱规格/cm	选脱液量/mL
1 ~ 2	2	1 × 25	100 ~ 150
5	5	2 × 12	200 ~ 300
10	10	2 × 20	300 ~ 400
20	20	2 × 37	400 ~ 800

2. 装柱

将玻璃色谱柱洗净后垂直安装于支架上，装入约 10mL 洗脱液 A，打开下嘴阀让缓冲液慢慢滴出，同时将悬浮于适量洗脱液 A 中的处理好的DEAE-纤维素一边搅动一边倒入色谱柱中，让其自然沉降到全部加入为止。装柱时交换剂的悬浮液最好一次加入，若分次加入，则须在再次添加之前将界面处的交换剂搅起，以保证柱床不分节。柱面要平整，柱中无气泡。待液面离纤维素沉降面约 1cm 后，关闭下嘴阀。

3. 平衡

连接梯度混合器，用洗脱液 A 以 1.0mL/min 的流速平衡柱子，直到流出液 pH 与起始缓冲液的 pH 完全相同为止。

4. 上样

打开下嘴阀，待液面降至纤维素柱面时又关闭之。用滴管或注射器小心地将 0.5mL 样品均匀地加到纤维素柱面上，打开下嘴阀，待样品液面降至与柱面平齐时关闭。用同样的方法加入 0.5mL 起始缓冲液，让其将残留于柱内壁的样品全部洗入纤维素柱后关闭下嘴阀。最后在柱面上覆盖一层起始缓冲液（1 ~ 2cm 深）。

5. 洗脱

盖紧色谱柱上盖，连接并打开梯度混合器，开始洗脱。梯度为 30min 内由 100% 洗脱液 A 变到 100% 洗脱液 B。用核酸蛋白检测仪 280nm 检测并用部分收集器收集流出的组分。根据记录仪上的洗脱曲线确定各蛋白质组分所在的接收试管。

6. 交换柱的再生

将使用过的 DEAE-纤维素移入烧杯中，用 2mol/L NaCl 液浸泡，抽滤并洗涤数次。如不立即使用，可加 1/10000 的叠氮化钠防腐，保存于 4℃ 冰箱中。使用时，再以碱—酸—碱的顺序处理。

五、注意事项

1. 配制离子交换色谱的缓冲液时最好使用去离子水。
2. 缓冲液要新鲜配制，4℃ 冰箱贮存以防长菌，再用前须重新过滤和除气，但在冰箱中放置一周以上的缓冲液最好不用。
3. 装柱时，柱面要平整，柱中无气泡。
4. 加入的样品若为直接从生物材料中提取的混合物，需过滤或高速离心，加样后要用足够的起始缓冲液流洗，使未吸附的物质全部洗出，并充分平衡色谱柱，然后再用梯度洗脱。

六、 作业及思考题

如实记录实验流程、现象及结果，分析记录仪上绘制的峰形与所分离的蛋白质的关系。

实验十四
聚丙烯酰胺凝胶电泳分离蛋白

一、实验目的

1. 掌握聚丙烯酰胺凝胶电泳的基本原理。
2. 学习利用 SDS-PAGE 法测定酶分子量和蛋白纯度。

二、实验原理

聚丙烯酰胺凝胶是由丙烯酰胺（简称 Acr）和交联剂 *N*,*N*-亚甲基双丙烯酰胺（简称 Bis）在催化剂［催化剂为过硫酸铵（ammonium persulfate，APS）；加速剂为四甲基乙二胺（TEMED）］作用下，聚合交联而成的多孔三维网状立体结构的凝胶，并以此为支持物进行电泳。聚丙烯酰胺凝胶电泳可根据不同蛋白质分子所带电荷的差异及分子大小的不同所产生的不同迁移率将蛋白质分离成若干条区带，如果分离纯化的样品中只含有同一种蛋白质，蛋白质样品电泳后，就应只分离出一条区带（图 14-1）。

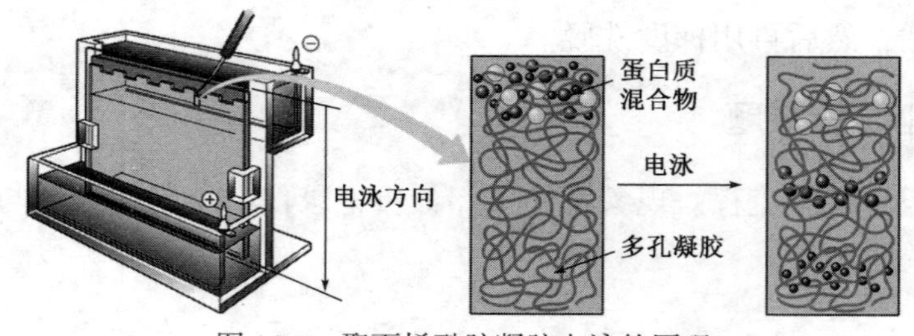

图 14-1　聚丙烯酰胺凝胶电泳的原理

SDS 是一种阴离子表面活性剂，能切断蛋白质的氢键和疏水键，并按一定的比例和蛋白质分子结合成复合物，使蛋白质带负电荷的量远远超过其本身原有的电荷，掩盖了各种蛋白质分子间天然的电荷差异。因此，各种蛋白质-SDS 复合物在电泳时的迁移率不再受原有电荷和分子形状的影响，这种电泳方法称为 SDS-聚丙烯酰胺凝胶电泳（简称 SDS-PAGE）。由于 SDS-PAGE 可设法将电泳时蛋白质电荷差异这一因素除去或减小到可以略而不计的程度，因此常用来鉴定蛋白质分离样品的纯化程度，如果被鉴定的蛋白质样品很纯，只含有一种具三级结构的蛋白质或含有相同分子量亚基的具四级结构的蛋白质，那么 SDS-PAGE 后，就只出现一条蛋白质区带。

PAGE 根据其有无浓缩效应，分为连续系统和不连续系统两大类。前者电泳体系中缓冲液 pH 及凝胶浓度相同，带电颗粒在电场中的泳动主要靠电荷和分子筛效应；后者电泳体系中缓冲液离子成分、pH、凝胶浓度（或孔径）及电位梯度是不连续的，带电颗粒在电场中的泳动不仅主要靠电荷和分子筛效应，还有浓缩效应。本实验采用垂直板状不连续系统。

1. 蛋白样品浓缩效应

在不连续电泳系统中，含有浓缩胶缓冲液（Tris-HCl，pH6.8）、分离胶缓冲液（Tris-HCl，pH8.8），两种凝胶的浓度（即孔径）也不相同（浓缩胶的孔径大，分离胶的孔径小）。在这种条件下，缓冲系统中的 HCl 几乎全部解离成 Cl^-，Gly（$pI=6.0$，$pK_a=9.7$）只有很少部分解离成 Gly 的负离子，而酸性蛋白质也可解离出负离子。这些离子在电泳时都向正极移动。Cl^- 速度最快（先导离子），其次为蛋白质，Gly 负离子最慢（尾随离子）。由于 Cl^- 很快超过蛋白离子，因此在其后面形成一个电导较低、电位梯度较陡的区域，该区电位梯度最高，这是在电泳过程中形成的电位梯度的不连续性，导致蛋白质和 Gly 离子加快移动，结果使蛋白质在进入分离胶之前，快、慢离子之间浓缩成一薄层，有利于提高电泳的分辨率。

2. 分子筛效应

在电场的作用下，蛋白质颗粒小、呈球形的样品分子泳动速度快；颗粒大、形状不规则的分子通过凝胶孔洞时受到的阻力大，泳动慢，因此，在两层凝胶的交界处，由于凝胶孔径的不连续性使样品迁移受阻而压缩成很窄的区带。

蛋白质离子进入分离胶后，条件有很大变化。由于其 pH 升高（电泳进行时常超过 9.0），使 Gly 解离成负离子的效应增加；同时因凝胶的浓度升高，蛋白质的泳动受到影响，迁移率急剧下降。此两项变化，使 Gly 的移动超过蛋白质，上述的高电压梯度不复存在，蛋白质便在一个较均一的 pH 和电压梯度环境中，按其分子的大小移动。分离胶的孔径有一定的大小，对分子量不同的蛋白质来说，通过时受到的阻滞程度不同，即使净电荷相等的颗粒，也会由于这种分子筛的效应，把不同大小的蛋白质相互分开。

3. 电荷效应

在分离胶中，各种蛋白质所带静电荷不同，因而有不同的迁移率。表面电荷多，则迁移快，反之则慢。因此，各种蛋白质按照电荷多少、分子量大小及分子形状以一定顺序排成一个个区带。

不连续 PAGE 所具有的分子筛效应、浓缩效应和电荷效应大大提高了它的分辨率。电泳后蛋白质染色目前常用的是考马斯亮蓝法，其比氨基黑染色法灵敏度高，可以进行定量扫描，比银染法简便。

本次实验是利用聚丙烯酰胺凝胶电泳法来检测蛋白质纯度和分子量。各种蛋白质由于分子量、等电点及形状不同，在电场中的泳动速度不同。

三、试剂和器材

1. 试剂

（1）制备分离胶、浓缩胶有关试剂

① 凝胶贮液：在通风橱中，称取丙烯酰胺30g，亚甲基双丙烯酰胺0.8g，加热蒸馏水溶解后，定容到100mL。过滤后置棕色瓶中，4℃保存，一般可放置1个月。

② 分离胶缓冲液（4倍）：91g Tris-base，调pH至8.8，再加入2g SDS，定容至500mL。

③ 浓缩胶缓冲液（4倍）：30.3g Tris-base，调pH至6.8，再加入2g SDS，定容至500mL。

④ TEMED（四乙基乙二胺）原液。

⑤ 10%过硫酸铵（用重蒸水新鲜配制）10mL。

⑥ 蛋白质混合样品（含鸡卵清蛋白、细胞色素c等）。

（2）Tris-甘氨酸电泳缓冲液　称取Tris 9.0g，甘氨酸43.2g，SDS 3.0g，加蒸馏水定容至3000mL，待用。

（3）样品缓冲液（6×loading buffer）　10mL。见表14-1。

表14-1　样品缓冲液配方

配方	贮液浓度	pH	体积	终浓度
Tris-HCl	0.5mol/L	6.8	2mL	100mmol/L
SDS	20%	—	3mL	6%
甘油	75%		5mL	37.50%
溴酚蓝			10mg	0.10%
合计			10mL	

分装成500μL/管，使用前加入5%的β-巯基乙醇，可在室温下保持一个月左右；每10μL样品中加入2μL样品缓冲液。

（4）考马斯亮蓝R250染色液　称100mg考马斯亮蓝R250，溶于200mL蒸馏水中，慢慢加入7.5mL 70%的过氯酸，最后补足水到250mL，搅拌1h，小孔滤纸过滤。

2. 器材

稳压稳流电泳仪、垂直板电泳槽、脱色摇床、移液枪、长针头注射器、烧杯、试管、滴管、平皿等。

四、 实验步骤

1. 电泳装置的安装

夹心式垂直平板电泳槽两侧为有机玻璃制成的电极槽，两个电极槽之间夹有一个凝胶模。该模由一个U形硅胶框、长与短玻璃板及样品槽模板（梳子）组成。电泳槽由上贮槽（白金电极在上）、下贮槽（白金电极在下）和回纹状冷凝管组成。两个电极槽与凝胶模间靠螺钉固定。各部件依下列次序组装：

（1）上贮槽上装上螺钉，仰放在桌上。

（2）将长、短玻璃板分别插到U形硅胶框的凹形槽中。玻璃板应干净、干燥，注意勿用手接触灌胶的一面。

（3）将已插好玻璃板的凝胶模平放在上贮槽上，短玻璃板应面对上贮槽。

（4）将下贮槽的销孔对准已装好螺钉的上贮槽，双手以对角线的方式旋紧螺钉。

（5）竖直电泳槽，在长玻璃板下端与硅胶模框交界处的缝隙内用滴管加入已熔化的1%琼脂。目的是封住空隙，凝固后琼脂中应避免有气泡。

2. 制胶

（1）在小烧杯里按表14-2配好分离胶（充分混匀，但不能带入太多的空气）。

表14-2 分离胶和积层胶的配制

SDS-PAGE	分离胶（12.5%）	积层胶（4.5%）
去离子水	9.8mL	6.0mL
分离胶缓冲液	7.5mL	—
浓缩胶缓冲液	—	2.5mL
30% Acr-Bis	12.5mL	1.5 mL
10% APS	150μL	50μL
TEMED	30μL	10μL
合计	30mL	10mL

将配好的分离胶沿着高玻璃一边缓缓地倒入玻璃板之间，约 10cm 高，倒好后，电泳槽垂直放好，用长针头注射器吸取 1～2mL dH_2O，针头平口一边贴着玻璃慢慢地在胶面上封上一层水，这时胶与水交界面处能看到一条清晰的界面，后逐渐消失。置 30～40min 后，又出现清晰的界面，用长针头注射器小心吸出水，用滤纸吸干剩余的水分。

（2）在小烧杯里按表 14-2 配好积层胶（即浓缩胶），充分混匀。

将小烧杯中的浓缩胶沿着高玻璃一边缓缓地倒入玻璃板中已凝聚好的分离胶上，直到离玻璃板顶端 5～10mm 时，插入梳子，约 30min，待胶凝固后，小心地取出梳子，即可见多个样品槽。

3. 点样

（1）取蛋白质混合样品 20μL 置于 1.5mL EP 试管中，分别加入 6×样品缓冲液 4μL，混匀后沸水浴 5min。

（2）取适量 Tris-甘氨酸电泳缓冲液加到电泳槽中，电极缓冲液应盖住矮玻璃，用移液枪吸取 10～20μL 样品加到样品槽中，接上电源，将电压调到 100V，等到溴酚蓝走过浓缩胶后，将电压调到 120V，待溴酚蓝离底部 0.5cm 时（约 3h），切断电源。

4. 剥胶、染色、脱色

表 14-3　固定液、染色液和脱色液的配制

溶液	固定液/mL	染色液/mL	脱色液/mL
甲醇	900	1350	150
蒸馏水	900	1350	1750
冰醋酸	200	300	100
考马斯亮蓝 R-250	—	0.1%	—
合计	2000	3000	2000

松开四个螺钉，取出夹胶的玻璃板并置水中，轻轻地将玻璃板与胶分离。用刀切下浓缩胶，分离胶放入盛有固定液的大平皿中固定 10min，随后倒出固定液，加入染色液染色 1h 后，将染色液倒入回收瓶中，将胶用水洗几次，加入脱色液，放到脱色摇床上进行脱色，一段时间后看结果（见表 14-3）。

5. 结果判断

脱色后的凝胶上一般可清楚呈现若干区带，根据标准样对照可大致判断出它们各自的分子量。

6. 制备凝胶干板

常用凝胶真空器制备干板。若无此仪器，可将脱色后的胶板浸泡在保存液中3～4h。然后，在大培养皿内平放一块干净玻璃板（13cm×13cm），倒少许保存液，在玻璃板上均匀涂开，取一张预先在蒸馏水中浸透的玻璃纸，平铺在玻璃板上，赶走气泡，小心取出凝胶平铺在玻璃纸上，赶走气泡。

再取一张浸泡过的玻璃纸覆盖在凝胶上，赶走气泡，将四边多余的玻璃纸紧紧贴于玻璃板的背面。平放于桌上自然干燥1～2d，即可得到平整、透明的干胶板，可长期保存不褪色，便于定向扫描。

五、 注意事项

1. 丙烯酰胺和亚甲基双丙烯酰胺具有神经毒性，因此称量时要戴手套。两者聚合后即无毒性，但为避免接触少量可能未聚合的单体，所以建议在配胶和制板过程中都要戴上手套操作。另外，配好的溶液之所以要避光保存，是因为此溶液见光极易脱氨基分解为丙烯酸和双丙烯酸。

2. 过硫酸铵极易吸潮失效，因此要密闭干燥低温保存。配好的10%过硫酸铵要分装冷藏。

3. 制备聚丙烯酰胺凝胶时，倒胶后常漏出胶液，那是因为两块玻璃板与塑料条之间没封紧，留有空隙，所以这步要特别留心操作。有些型号的电泳板可在模型中直接安装，免去了封边和拆边的麻烦，还可以同时制备多块凝胶。

4. AP和TEMED是催化剂，加入的量要合适，过少则凝胶聚合很慢甚至不聚合，过多则聚合过快，影响倒胶。为避免过快聚合，可将加了催化剂的凝胶先放在冰中。

5. 加热使蛋白质充分变性。

6. 用移液器冲洗梳孔可将孔中的凝胶除去，以免点样孔不平齐或影响蛋白样品的沉降。

7. 两玻璃板间凝胶底部的大气泡可阻断电流，因此必须除去。

8. 总量一般不超过20μL，如果点样量太多溢出梳孔，就会污染旁边的泳道。要根据样品浓度来加样品溶解液。每点一个样品后换一支吸头或清洗吸头后再点另一个样品。

9. 电泳时间要依据所用电压及待测蛋白质分子量大小而定。

10. 电泳完毕撬板取凝胶时要小心细致，不能在凹形板双耳处撬，也不能用死力弄坏玻璃板。

11. 考马斯亮蓝染色液盖过凝胶即可，染色后染色液要回收，可重复使用多次。脱色过夜可使背景更干净，谱带更清晰。

六、 作业及思考题

1. 当分离胶加完后，需在其上加一层水，为什么？
2. 分离胶与浓缩胶中均含有 TEMED 和 AP，试述其作用。

第四部分　酶的固定化及分子修饰实验

实验十五
蔗糖酶包埋及固定化酶活测定

一、 实验目的

了解凝胶包埋法及固定化酶活测定方法。

二、 实验原理

海藻酸钠是应用最广泛的水溶性海藻酸盐。海藻酸钠遇到钙离子可迅速发生离子交换，生成凝胶。利用这种性质，将海藻酸盐溶液滴入含有钙离子的水溶液中可产生海藻酸钙胶球，使用喷嘴，可制造出凝胶纤维；将含有钙离子的酶溶液加入海藻酸盐溶液，可生成凝胶冻，从而把酶包埋在其中（图 15-1）。

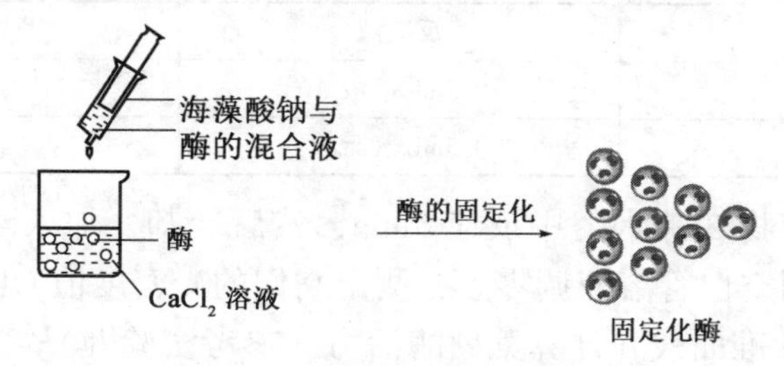

图 15-1　酶的固定化原理

三、 材料、 试剂与器材

1. 材料

酵母悬液：取 1g 干酵母溶在 25mL 蒸馏水中（室温），搅匀。

2. 试剂

(1) 海藻酸钠溶液：取 0.75g 海藻酸钠溶于 25mL 蒸馏水中，沸水浴（勿用电炉直接加热）充分溶胀，自然冷却。

(2) $CaCl_2$ 溶液：取 2.2g 无水 $CaCl_2$ 溶于 200mL 蒸馏水中。

(3) 5% 蔗糖溶液。

(4) DNS 试剂。

3. 器材

电子天平、可见分光光度计、恒温水浴锅、电炉、烧杯、玻棒、量筒、试管、移液管、注射器（带 7 号针头）、纱布。

四、 实验步骤

(1) 将 25mL 酵母悬液加入 25mL 海藻酸钠溶液中，搅匀。

(2) 用注射器（7 号针头）将上述混合液滴入 $CaCl_2$ 溶液中，滴时不断搅拌溶液。静置 20min，固化胶珠。纱布过滤得到胶珠，用蒸馏水清洗胶珠，称取湿胶珠质量（W_1），并记录。

(3) 催化反应：取 1g 湿胶珠置于烧杯中，加入 20mL 5% 蔗糖溶液，37℃反应 10min，取出反应液，与胶珠分离，反应终止。

(4) 酶催化产物检测：将反应液定容至 20mL，取 0.5mL 稀释至 5mL，得溶液 A。

取 2 支试管，分别加入反应物（表 15-1）。

表 15-1 酶催化产物检测各试管物质加入量

试管编号	反应液	DNS 试剂
1	0.5mL 溶液 A	0.5mL
2（空白）	0.5mL 蒸馏水	0.5mL

试管中反应物在沸水浴中反应 5min，然后冷却。加入 4mL 蒸馏水。将各试管摇匀，用空白管溶液调零点，测定它们的光密度值 OD_{540nm}。

(5) 制作标准曲线并计算蔗糖酶活力（参考实验九）。

五、 注意事项

1. 海藻酸钠溶化过程要小火加热（小火间断加热）不断搅拌，使海藻酸钠完全溶化，又不会焦煳。

2. 海藻酸钠浓度过低，包埋的酵母菌就过少；海藻酸钠浓度过高，不易与酵母菌混合均匀。

六、 作业及注意事项

1. 海藻酸钙包埋法中钙起什么作用？与豆腐制作中 Ca^{2+} 的作用有何关系？

2. 除了凝胶包埋法，还有哪些包埋方法？其原理是什么？

实验十六 尼龙固定化木瓜蛋白酶

一、实验目的

1. 学习和理解尼龙固定化木瓜蛋白酶基本原理。
2. 熟练掌握尼龙固定化木瓜蛋白酶基本技术。

二、实验原理

本实验尼龙固定化木瓜蛋白酶属共价键结合法。尼龙长链中的酰胺键，经 HCl 水解后，产生游离的—NH，在一定条件下与双功能试剂戊二醛中的一个—CHO 缩合，戊二醛的另一个—CHO 则与酶中的游离氨基缩合，形成尼龙（载体）-戊二醛（交联剂）-酶，即尼龙固定化木瓜蛋白酶。

三、材料、试剂和器材

1. 材料

尼龙布（86 或 66），140 目，剪成 3cm × 3cm。

2. 试剂

（1）甲醇溶液　称 18.6g $CaCl_2$ 溶于 18.6mL 蒸馏水，冷却后，用甲醇定容至 100mL。

（2）3.5mol/L HCl 溶液　取 29.2mL 浓 HCl，定容至 100mL。

（3）0.2mol/L 硼酸缓冲液（pH8.4）（每组 30mL）　称取 0.68g H_3BO_3 和 0.858g $Na_2B_4O_7 \cdot 10H_2O$，用蒸馏水溶解，定容至 100mL。

（4）5% 戊二醛　取 25% 戊二醛 20mL，用 0.2mo1/L pH8.4 硼酸缓冲液定容至 100mL。

（5）0.1mo1/L pH7.2 磷酸缓冲液　称取 1.28g $Na_2HPO_4 \cdot 2H_2O$ 和 1g $NaH_2PO_4 \cdot 12H_2O$，用蒸馏水溶解，定容至 100mL。

（6）0.5mo1/L NaCl 溶液　称取 2.93g NaCl，用 0.1mo1/L pH7.2 磷酸缓冲液溶解，定容至 100mL。

（7）木瓜蛋白酶溶液　分别称取 50mg 木瓜蛋白酶粉末五组，每组编号为 A、B、C、D、E，分别加 0.5mL 激活剂，分别研磨 2min、6min、10min、

14min、18min，用 0.1mol/L pH7.2 磷酸缓冲液溶解，定容至 50mL。

（8）激活剂　称取 0.12g 半胱氨酸和 0.04g EDTA，用 0.1mol/L pH7.2 磷酸缓冲液溶解，定容至 100mL。

（9）1% 酪蛋白　称取 1g 酪蛋白，加 100mL 0.1mol/L pH7.2 磷酸缓冲液，37℃下保温振荡 3h，至酪蛋白溶解。

（10）20% 三氯乙酸　称取 20g 三氯乙酸，加蒸馏水溶解，定容至 100mL。

3. 器材

恒温水浴锅、紫外分光光度计、尼龙布。

四、 实验步骤

1. 固定化酶的制备

（1）每组取 5 块尼龙布洗净、晾干，浸入 18.6% $CaCl_2$ 溶液 10s，再浸入甲醇溶液中，轻轻搅拌 5min 以上至尼龙发黏。取出后用水洗涤，用滤纸吸干。

（2）将尼龙布用 3.65mol/L HCl 溶液在室温下水解 45min，用水洗至 pH 值中性。

（3）将尼龙布用 5% 戊二醛溶液在室温下浸泡偶联 20min。

（4）取出尼龙布，用 0.1mol/L 磷酸缓冲液（pH7.8）洗涤 3 次，洗去多余的戊二醛，吸干之后，加入 5mL 1mg/mL 的木瓜蛋白酶液，在室温下固定 30min。

（5）从酶液中取出尼龙布，用 0.5mol/L NaCl 溶液（用 0.1mol/L pH 值 7.2 磷酸缓冲液配制），洗去多余的酶蛋白，即为尼龙固定化酶。

2. 酶活力测定

A：0.2mL 木瓜蛋白酶 +1.8mL 激活剂 +1mL 酪蛋白液

B：0.2mL 木瓜蛋白酶 +1.8mL 激活剂 +2mL 10% 三氯乙酸 +1mL 酪蛋白液

C：固定化酶一张（剪碎） +2.0mL 激活剂 +1mL 酪蛋白液

取三支试管按上述加入反应液，37℃反应 15min，A、C +2mL 10% 三氯乙酸。

三支试管过滤上清液到另三支试管中，以 B 管作空白，测试管 A、C 光密度值 OD_{280nm}。

五、 注意事项

1. 尼龙布的处理是实验成功的关键，既要让其充分地活化，又不能使其破碎。

2. 固定化酶溶液浓度最好为 0.5～1mg/mL，每块尼龙布用量不宜超过 1mL。

3. 酶活性测定的反应时间一定要准确。

六、 作业及思考题

1. 酶活定义：每 15min 增加 0.001 个光密度值所需的酶量为 1 个酶活单位。

2. 计算酶活回收率：

$$酶活回收率 = \frac{固定化酶活 \times 5}{溶液酶活 \times 5/0.2} \times 100\%$$

实验十七
酵母细胞固定化

一、实验目的

1. 了解固定化微生物细胞的原理及其优缺点。
2. 掌握包埋法固定化酵母细胞的方法。
3. 掌握固定化酵母进行酒精发酵的方法。

二、实验原理

固定化细胞是在固定化酶的基础上发展起来的新技术，即一项利用物理或化学手段将游离的微生物（细胞）或酶定位于限定的空间区域，并使其保持活性且能反复利用的技术。由于固定化细胞保持了细胞的生命活动能力，它不但比游离细胞的发酵更具有优越性，而且比固定化酶有更多的优点，因为固定化细胞省去了制备酶或含酶细胞处理过程所需要的完整酶系，并能不断产生新酶及其所需的辅助因子，而且固定化方法较简单，成本也较低。固定化细胞主要具有个优点：一是不需要将酶从微生物细胞中提取出来并加以纯化，酶活力损失小、成本低；二是细胞生长停滞时间短，细胞多、反应快，抗污染能力强，可以连续发酵，反复使用，应用成本低；三是酶处于天然细胞的环境中，稳定性高；四是使用固定化细胞反应器，可边加入培养基，边培养排出发酵液，能有效地避免反馈抑制和产物消耗；五是适合于进行多酶顺序连续反应；六是易于进行辅助因子的再生，因而更适合于需要辅助因子的反应，如氧化还原反应、合成反应等。当然，固定化细胞也存在一些缺点，主要表现为：必须保持菌体的完整，防止菌体的自溶，否则会影响产物的纯度；必须抑制细胞内蛋白酶的分解作用；由于细胞内有多种酶存在，往往有副产物形成。为防止副产物必须抑制其他酶活力；细胞膜或细胞壁会造成底物渗透与扩散的障碍。微生物细胞固定化常用的方法有三大类：吸附法、包埋法、共价交联法。常用的包埋载体有明胶、琼脂糖、海藻酸钠、醋酸纤维和聚丙烯酰胺等。本实验选用海藻酸钠作为载体包埋酵母菌细胞（图 17-1）。

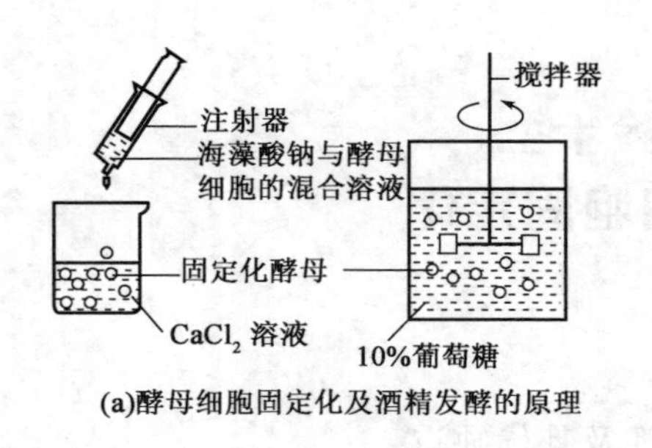

(a)酵母细胞固定化及酒精发酵的原理

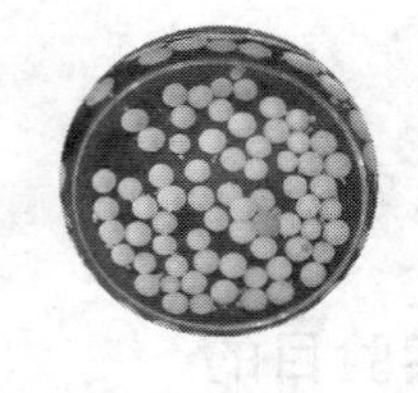
(b)固定化的酵母细胞

图 17-1　酵母细胞固定化

三、 材料、 试剂与器材

1. 材料

活化酵母菌（酵母悬液）。

2. 试剂

（1）0.05mol/L $CaCl_2$ 溶液。

（2）海藻酸钠溶液：每 0.7g 海藻酸钠加入 10mL 水加热溶解成糊状。

（3）10% 葡萄糖溶液。

3. 器材

烧杯、玻璃棒、量筒、酒精灯、石棉网、针筒、锥形瓶、恒温水浴锅、恒温箱。

四、 实验步骤

1. 干酵母活化

1g 干酵母 + 10mL 蒸馏水→50mL 烧杯→搅拌均匀→放置 1h，使之活化。

2. 海藻酸钠溶液与酵母细胞混合

将溶化好的海藻酸钠溶液（每 0.7g 海藻酸钠加入 10mL 水加热溶解成糊状）冷却至室温，加入已经活化的酵母细胞，用玻璃棒充分搅拌，混合均匀。

3. 固定化酵母细胞

用 20mL 注射器吸取海藻酸钠与酵母细胞混合液，在恒定的高度，缓慢地将混合液滴加到 $CaCl_2$ 中，观察液滴在 $CaCl_2$ 溶液中形成凝胶珠的情形。

将凝胶珠在 $CaCl_2$ 溶液中浸泡 30min 左右。

4. 固定化酵母细胞发酵

用 5mL 移液器吸取蒸馏水冲洗固定好的凝胶珠 2～3 次，然后加入装有 150mL 10% 葡萄糖溶液的锥形瓶中，置于 25℃ 发酵 24h，观察结果。

五、 注意事项

1. 海藻酸钠与酵母细胞混合液滴加到 $CaCl_2$ 中时，建议距液面 12～15cm 处，过低凝胶珠形状不规则，过高液体容易飞溅。

2. 实验开始时，凝胶球沉在烧杯底部，24h 后，凝胶球悬浮在溶液上层，而且可以观察到凝胶球不断产生气泡，说明固定化的酵母细胞正在利用溶液中的葡萄糖产生酒精和二氧化碳，结果凝胶球内包含的二氧化碳气泡使凝胶球悬浮于溶液上层。

六、 作业及思考题

1. 酵母细胞活化的目的是什么？
2. 为什么凝胶珠需要在 $CaCl_2$ 溶液中浸泡一定时间？
3. 观察结果说明了什么问题？
4. 分析可能导致酵母细胞包埋效果不理想的原因。

实验十八
胆绿素还原酶的修饰与活性基团的鉴定

一、 实验目的

1. 掌握酶化学修饰的基本原理和方法。
2. 熟悉判断酶的必需基团的方法。

二、 实验原理

采用一定的方法使酶的侧链基团发生改变，从而改变酶分子的特性和功能的修饰方法称为侧链基团修饰。酶的侧链基团修饰的意义：

（1）可以研究各种基团在酶分子中的作用，并可以用于研究酶的活性中心中的必需基团。如果某基团修饰后不引起酶活力的显著变化，则可以认为此基团属于非必需基团；如果某基团修饰后使酶活力显著降低或丧失，则此基团很可能是酶催化的必需基团。

（2）可以测定某一种基团在酶分子中的数量。采用三硝基苯磺酸测定氨基的数量；对氯汞苯甲酸测定巯基的数量；碳二亚胺测定羧基的数量；四唑重氮盐测定咪唑基的数量等。

（3）可以提高酶的活力、增加酶的稳定性、降低酶的抗原性，以提高酶的使用价值。

（4）可能获得自然界原来不存在的新酶种。酶分子中的许多侧链基团可以被化学修饰。这种修饰可以帮助了解哪些基团是保持酶活性所必需的，哪些基团对维持酶的催化反应并不重要。当化学修饰试剂与酶分子上的某种侧链基团结合后，酶的活性降低或者丧失，表明这种被修饰的残基是酶活性所必需的。

酶分子中有许多基团，如巯基、羟基、咪唑基、胍基、氨基和羧基等可被共价化学修饰。可以用来进行化学修饰的试剂也很多，如二硝基苯甲酸（DTNB）和 *N*-乙酸马酰亚胺（NEM）是巯基的修饰剂，可以用来鉴定半胱氨酸残基是否是酶活性所必需的。磷酸吡哆醛（维生素 B_6）可以与赖氨酸残基起反应；2,3-丁二酮（2,3-BD）则可以和精氨酸残基起反应。本实验以胆绿素还原酶为材料，分别以 DTNB、NEM、磷酸吡哆醛和丁二酮为化学修饰剂，研究胆绿素还原酶活性所必需的残基。

三、 试剂与器材

1. 试剂

（1）胆绿素（2mmol/L）。

（2）NADPH（10mmol/L）。

（3）DTNB（0.25mol/L）。

（4）NEM（0.05mol/L）。

（5）磷酸吡哆醛（20mmol/L）。

（6）2,3-丁二酮（0.115mol/L）。

（7）胆绿素还原酶。

（8）0.01mol/L pH7.4 磷酸盐缓冲液。

2. 器材

可见分光光度计、试管。

四、 实验步骤

1. 酶的测定是在 0.01mol/L pH7.4 磷酸盐缓冲液中完成的。总体积为 4mL，内含 5μmol/L 胆绿素、100μmol/L NADPH，酶量固定。根据修饰实验的需要，加入不同的修饰试剂。

2. 在 DTNB 修饰反应中，向不同的反应试管中分别加入 0.00mmol/L、0.10mmol/L、0.20mmol/L、0.30mmol/L、0.40mmol/L 的 DTNB。

3. 在 NEM 修饰反应中，向不同的反应试管中分别加入 0.00mmol/L、0.50mmol/L、1.00mmol/L、1.50mmol/L、2.00mmol/L 的 NEM。

4. 在磷酸吡哆醛修饰反应中，向不同的反应试管中分别加入 0.00mmol/L、1.00mmol/L、2.00mmol/L、3.00mmol/L 的磷酸吡哆醛。

5. 在 2，3-丁二酮修饰反应中，向不同的反应试管中分别加入 0.0mmol/L、10.0mmol/L、20.0mmol/L、30.0mmol/L 的 2,3-丁二酮。

6. 在加入各修饰试剂后，于 37℃ 在暗处保温 30min，测定 450nm 处的光密度值来测定酶活性变化，判断胆绿素还原酶所必需的基团。

五、 注意事项

1. 胆绿素还原酶应低温保存，使用时避免反复融冻，防止酶变性失活。

2. 加入各修饰试剂后，反应应于 37℃ 在暗处进行。

六、 作业及思考题

1. 以修饰试剂浓度为横坐标、残存酶活性为纵坐标，分别绘制出修饰试剂浓度变化对酶活性的影响。

2. 分析胆绿素还原酶活性所必需的基团。

第五部分 酶的应用实验

实验十九 淀粉的糖化及DE值的测定

一、 实验目的

了解淀粉的水解过程，学会测定水解淀粉的DE值。

二、 实验原理

发酵工业所用的原料以淀粉或糖质为主，而许多微生物并不能直接利用淀粉。例如，在以糖质为原料发酵生产氨基酸的过程中，几乎所有的氨基酸生产菌都不能直接利用（或只能微弱地利用）淀粉和糊精。同样，在酒精发酵过程中，酵母菌也不能直接利用淀粉或糊精，这些淀粉或糊精必须经过水解制成葡萄糖以后才能被酵母菌所利用。此外，在抗生素、有机酸、有机溶剂以及酶制剂发酵过程中，大都也要求对淀粉进行加工处理，以提供给微生物可利用的碳源。当然，有些微生物能够直接利用淀粉作原料，但这一过程必须在微生物分解出胞外淀粉酶类以后才能进行，过程非常缓慢，致使发酵过程周期过长，实际生产上无法被采用。因此，工业上利用耐热性α-淀粉酶、葡萄糖淀粉酶以及麦芽产生的淀粉酶、麦芽糖酶将熟化的淀粉分解产生具甜味的饴（葡萄糖、麦芽糖、低聚糖混合物），产物用作甜味剂或发酵工业的原料。该反应是酶在工业上应用的典型例子。水解一般分为两步：第一步是利用α-淀粉酶将淀粉液化转为糊精及低聚糖，使淀粉的可溶性增加，这个过程称为液化。第二步是利用糖化酶将糊精或低聚糖进一步水解，转变为葡萄糖、麦芽糖、低聚糖混合物，这一过程叫糖化。而淀粉酶一般是不作用于生淀粉或作用很慢，淀粉需要先糊化。糊化是指淀粉受热后，淀粉颗粒膨胀，晶体结构消失，互相接触变成糊状液体，即使停止搅拌，淀粉也不会再沉淀的过程。

淀粉 + α-淀粉酶⟶糊精 + 麦芽糖酶⟶麦芽糖（二糖）

糊精 + 葡萄糖淀粉酶⟶葡萄糖

生产工艺：大米（淀粉）→蒸熟（糊化）→制酶→酶解糖化→熬糖→产品。

工业上用DE值（也称葡萄糖值）表示淀粉的水解程度或糖化程度。糖化液中还原性糖全部当作葡萄糖计算，占干物质的百分比称为DE值，它是产品的重要指标和发酵原料的重要参数。

DE值 = 还原糖含量/干物质含量 × 100%

DE值的测定原理：本实验采用3,5-二硝基水杨酸法测定还原糖的含量。还原糖在碱性条件下加热被氧化成糖酸及其他产物，3,5-二硝基水杨酸则被还原为棕红色的3-氨基-5-硝基水杨酸（图19-1）。在一定范围内，还原糖的量与棕红色物质颜色的深浅成正比关系，利用分光光度计，在540nm波长下测定光密度值，查对标准曲线并计算，便可求出样品中还原糖的含量。

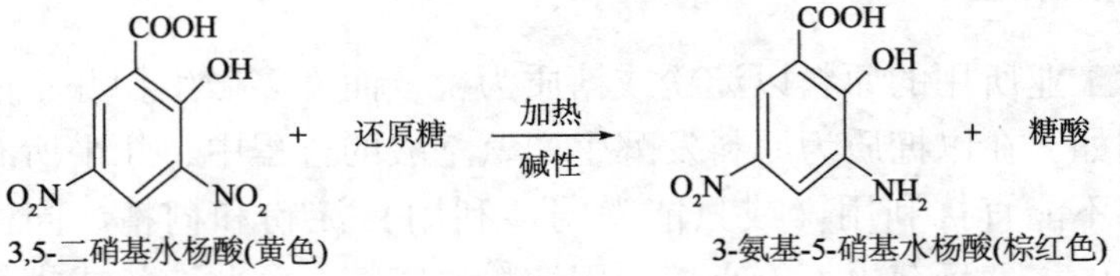

图19-1　DE值的测定原理

三、试剂与器材

1. 试剂

（1）葡萄糖标准溶液（1mg/mL）：准确称取80℃烘至恒重的分析纯葡萄糖100mg，置于小烧杯中，加少量蒸馏水溶解后，转移到100mL容量瓶中，用蒸馏水定容至100mL，混匀，4℃冰箱中保存备用。

（2）DNS试剂。

（3）淀粉。

（4）α-淀粉酶。

（5）活性炭。

（6）碘-碘化钾溶液：称取5g碘和10g碘化钾，溶于100mL蒸馏水中。

2. 器材

电磁炉、组织捣碎机、烧杯、纱布、可见分光光度计等。

四、 实验步骤

1. 大麦芽的制备

经筛选过的大麦，在30℃水中浸渍12h，放在底部留孔的缸盘中，根据吸收水分及发热情况，每天淋水3～4次，等麦根齐后，倒出平铺在竹筐里。继续培养到麦芽长度超过自身长度1～1.5倍就可用于制作麦芽糖浆。

2. 液化玉米面

100g淀粉放入烧杯，加耐高温α-淀粉酶200mg（酶活单位2500U/g），先混合后再加250mL的清水，用小火烧煮，不停搅动防止煳锅。煮开后持续5min即可停火，保温液化10min。

3. 麦芽浆的制备

把制好的20g麦芽加100mL的水用磨浆机磨碎，用单层纱布过滤即成麦芽浆，一般麦芽浆的用量占原料重量的5%～10%，鲜麦芽可适当增加用量。

4. 糖化

把煮好的粥放入大烧杯中，当温度降到75℃左右时，把事先准备好的麦芽浆加入缸中，加入麦芽浆后液体温度会继续下降，到60℃时开始保温糖化。6～8h后，杯上部出现澄清液，即糖化结束。

5. 脱色过滤

把糖化完毕的粥用布袋过滤。用玉米做成的糖稀颜色较深，有时需脱色。把滤过的浆液倒入杯中，升温到80℃左右，加入原料重量2%～25%的活性炭充分搅拌，并继续升温至100℃保持30min，使糖液成为透明白色，脱色后用干净布袋趁热过滤，以滤去活性炭残渣。

6. 熬糖

过滤后的糖浆放入干净的锅中开始熬糖，火候应先大后小。熬制过程中用铲子不断抄底搅动，以防煳锅。加热浓缩到大约45°Bé，用筷子挑起一点遇风变脆即可停火，饴糖就制好了。

7. 品尝你的产品并测定产品的DE值

（1）制作葡萄糖标准曲线　取7支干净的试管编号，按表19-1分别加入浓度为1mg/mL的葡萄糖标准液、蒸馏水和3,5-二硝基水杨酸（DNS）试剂，配成不同葡萄糖含量的反应液。

表19-1　葡萄糖标准曲线制作

管号	1mg/L葡萄糖标准液/mL	蒸馏水/mL	DNS/mL	葡萄糖含量/mg	OD_{540nm}
0	0	2	1.5	0	
1	0.2	1.8	1.5	0.2	
2	0.4	1.6	1.5	0.4	
3	0.6	1.4	1.5	0.6	
4	0.8	1.2	1.5	0.8	
5	1.0	1.0	1.5	1.0	
6	1.2	0.8	1.5	1.2	

将各管摇匀，在沸水浴中准确加热5min，取出，冷却至室温，用蒸馏水定容至25mL，加塞后颠倒混匀，在分光光度计上进行比色。调波长540nm，用0号管调零点，测出1～6号管的光密度值。以光密度值为纵坐标、葡萄糖含量（mg）为横坐标，在坐标纸上绘出标准曲线。

（2）制样　准确称量150mg产品，溶解定容于100mL容量瓶，作为测定液。取2支试管编号，按表19-2所示分别加入待测液和显色剂，空白调零可使用制作标准曲线的0号管。加热、定容和比色等其余操作与制作标准曲线相同。

表19-2　样品还原糖测定

管号	还原糖待测液/mL	总糖待测液/mL	蒸馏水/mL	DNS/mL	OD_{540nm}	查曲线葡萄糖量/mg
7	0.5		1.5	1.5		
8	0.5		1.5	1.5		

五、结果与计算

计算出7、8号管光密度值的平均值和9、10号管光密度值的平均值，在标准曲线上分别查出相应的还原糖质量（mg），按下式计算出样品中的DE值：

$$\text{DE 值} = \frac{\text{查曲线所得葡萄糖毫克数} \times \dfrac{\text{提取液总体积}}{\text{测定时取用体积}}}{\text{样品质量（mg）}} \times 100$$

六、 注意事项

1. 为节省时间，本实验已加入过量麦芽汁，糖化时间可缩减到30min。
2. 大米淀粉可不脱色，本实验使用精制淀粉可无需脱色和过滤。

七、 作业及思考题

1. DE值测定的原理是什么？为什么要测定DE值？
2. 空白值的选择对糖化酶活力测定结果有何影响？

实验二十 酶法澄清苹果汁加工工艺优化

一、 实验目的

理解饮料加工工艺中酶法澄清的原理和操作方法。

二、 实验原理

我国有着十分丰富的苹果资源，随着近年果蔬制汁业的发展，苹果制汁也开始进入蓬勃发展的阶段。苹果因其原料的特点，比较适合加工成清澈透明的澄清汁。在苹果汁生产中，澄清工序是决定苹果汁外观质量的关键工序，如处理不当，不仅影响产品外观，而且直接影响到果汁的品质和稳定性。苹果汁中存在的果胶，有很强的保护胶体的作用，能保持稳定的浑浊度。同时，果胶溶液黏度大，如果不加处理，过滤是困难的，而且即使是过滤之后，在贮藏过程中，在果汁中所存在的果胶和其他高分子物质，由于分解、与金属离子结合及其他作用，也会产生凝固沉淀。因此，在过滤之前，必须先进行澄清。目前在果汁生产中，常用的澄清方法主要有自然澄清法和热处理法、冷冻法、酶法、加澄清剂法、离心分离法、超滤法等。酶法同其他方法比较，具有用量少、作用时间短、澄清效果好等诸多特点，且酶法的作用机制是生物降解，这也是它最突出的特点。果胶酶制剂主要含有果胶解聚酶和果胶酯酶，还含有纤维素酶、半纤维素酶、淀粉酶、糖化酶、蛋白酶等组分，在合适的作用条件下，它可将苹果中的果胶、蛋白质、淀粉等高分子物质分解，使胶凝现象消失，澄清效果显著。本实验利用果胶酶对苹果汁进行澄清，并优化酶法澄清苹果汁的工艺参数。

三、 材料、 试剂与器材

1. 材料

新鲜苹果。

2. 试剂

果胶酶、抗坏血酸（维生素 C）溶液。

3. 器材

电子秤、榨汁机、循环水真空泵、可见分光光度计、色差计、恒温水浴锅、压榨机或离心分离机。

四、 实验步骤

1. 工艺流程

原料选择→清洗→破碎→榨汁（加抗坏血酸护色）→过滤→原汁→加入果胶酶澄清→灭酶→过滤→清汁。

2. 操作要点

（1）苹果汁制备　取新鲜苹果清洗后，去皮、去核或不去皮、不去核，然后切分成长约2cm的小块，放入榨汁机。将榨出的苹果汁用滤布粗滤得原汁，使用压榨机或分离机分离苹果渣中的果汁，与过滤的清汁混合。

（2）果胶酶澄清苹果汁的工艺条件优化　根据果胶酶对果胶等大分子物质的生物降解特性，本实验着重考察果胶酶用量（0.10%、0.15%、0.2%）、酶作用温度（40℃、50℃、60℃）和时间（1h、2h、3h）3个主要影响因素。在单因素实验的基础上，选用$L_9(3^4)$正交实验设计对酶法澄清苹果汁的工艺条件进行优化，从而确定果胶酶澄清苹果汁的最佳工艺条件。

（3）果汁澄清度的测定　采用可见分光光度法，以蒸馏水作参比，在波长660nm下，测定苹果汁的透光率。用透光率表示苹果汁的澄清度。

五、 注意事项

1. 在榨汁时应放入苹果质量0.1%的抗坏血酸溶液护色。
2. 要通过数据的显著性分析确定最佳工艺条件。

六、 作业及思考题

1. 果胶酶澄清苹果汁的原理是什么？
2. 苹果去皮去核对于果汁的澄清度有何影响？
3. 使用抗坏血酸护色对于果汁的色泽有何影响？
4. 各单因素对苹果汁有何澄清效果？
5. 通过正交实验得出果胶酶对苹果汁澄清处理的最适工艺条件是什么？

实验二十一
酶反应器设计及酪蛋白水解物的制备

一、 实验目的

1. 学习酶反应器的原理。
2. 掌握若干类型酶反应器的设计、组装及应用。
3. 比较各种类型反应器的特点。

二、 实验原理

以酶作为催化剂进行反应所需的场所称为酶反应器，即是游离酶、固定化酶或固定化细胞催化反应的容器。其作用是以尽可能低的成本，由反应物制备产物，因此，酶反应器是酶工艺的中心环节，是原料到产品的纽带。酶反应器主要有搅拌罐式反应器、超滤膜反应器、固定床式反应器、流化床型反应器、膜型反应器、鼓泡塔型反应器等形式，各具优缺点，根据具体需要、具体条件选择不同的反应器。固定化酶是20世纪60年代发展起来的一种新技术。所谓固定化酶，是指在一定的空间范围内起催化作用，并能反复和连续使用的酶。通常酶催化反应都是在水溶液中进行的，而固定化酶是将水溶性酶用物理或化学方法处理，使之成为不溶于水但仍具有酶活性的状态。酶固定化后一般稳定性增加，易从反应系统中分离，且易于控制，能反复多次使用，便于运输和贮存，有利于自动化生产，但是活性降低，使用范围减小，技术还有发展空间。固定化酶是近十余年发展起来的酶应用技术，在工业生产、化学分析和医药等方面有诱人的应用前景。固定化酶的优点：可重复使用，效率高、成本降低；易与反应体系分离，简化了提纯工艺，产品收率高；稳定性提高；反应过程更易控制；便于酶催化反应的连续化和自动化操作；更适于多酶体系的使用。蛋白水解物在食品、医药和日用化妆品等方面具有广泛的用途，用蛋白酶水解各类蛋白是较常用的方法。本实验用固定化木瓜蛋白酶制成酶反应器来制备酪蛋白水解物。

三、 试剂与器材

1. 试剂

（1）0.1mol/L 磷酸缓冲液（pH7.2）。

（2）1%的酪蛋白溶液：称取酪素1.000g，加入适量的磷酸缓冲液约80mL，在70℃的水浴中边加热边搅拌，直至完全溶解，冷却后，转入100mL容量瓶中，用磷酸缓冲液稀释至刻度（此溶液应在冰箱内贮存）。

（3）激活剂：用0.1mol/L磷酸缓冲液（pH7.2）配制含半胱氨酸10mmol/L、EDTA 1mmol/L的混合液。

（4）反应底物溶液：将1%的酪蛋白溶液和激活剂按1∶1.5的体积比混合即得。

（5）10%三氯乙酸（TCA）。

（6）固定化木瓜蛋白酶。

2. 器材

紫外分光光度计、离心机、TH-磁力搅拌器、恒温水浴锅、恒流泵。

四、 实验步骤

1. 按图21-1连接好各反应器组件，打开超级循环恒温水浴，将温度设定在35℃，并将固定化木瓜蛋白酶装入玻璃反应柱内。

2. 在取样瓶中加入反应底物溶液150mL，并打开恒流泵起动反应，计时，每隔5min从取样瓶中抽取反应样品，分别测定反应过程中底物的减少和产物的增加以了解反应进程。

3. 底物的减少用反应液中蛋白含量的减少来表示，其中蛋白含量的测定用考马斯亮蓝G-250法，取50μL的样品液加入2.5mL的考马斯亮蓝G-250溶液，摇匀，在595nm波长下测定光密度。产物的增加用反应物中酪氨酸和含酪氨酸的短肽的变化来表示，测定方法为取2mL的反应液加入2mL的10%的TCA混匀，过滤，取滤液测定OD_{275nm}值。

具体操作步骤见表21-1。

表21-1 酪蛋白水解物的制备

反应时间/min	0	5	10	15	……	备注
反应液	2mL	2mL	2mL	2mL	……	用反应物中酪氨酸和含酪氨酸的短肽的增加来表示产物的生成
10% TCA	2mL	2mL	2mL	2mL	……	
分别过滤或离心（4000r/min、5min），滤液或上清测定OD_{275nm}值						
反应液	0.05mL	0.05mL	0.05mL	0.05mL	……	用蛋白含量的减少来表示底物的减少
考马斯亮蓝G-250	2.5mL	2.5mL	2.5mL	2.5mL	……	
混匀，放置5min测定OD_{595nm}值						

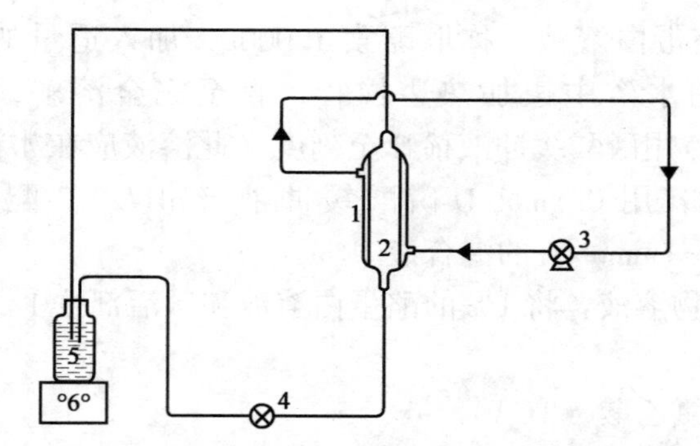

图 21-1　固定化木瓜蛋白酶水解酪蛋白反应器装置图

1—带外套的玻璃反应柱；2—固定化木瓜蛋白酶；3—恒温水浴；
4—恒流泵；5—取样瓶；6—磁力搅拌器

五、 注意事项

1. 本装置所用的木瓜蛋白酶必须进行固定化。
2. 实验过程中为了提高酶的催化效果，应维持反应温度恒定。

六、 作业及思考题

1. 绘制反应进程曲线。
2. 不同底物流方向对反应器运行有何影响？

实验二十二
酶试纸法检测样品中 H_2O_2 的浓度

一、 实验目的

1. 学习和掌握酶法分析的原理和操作。
2. 初步掌握酶试纸的制备及应用。

二、 实验原理

酶法分析是利用酶催化反应的高度专一性的特点，用酶将样品混合物中的待测物质转变为某一可观察或检测的信号（如颜色、电压等），从而达到检测分析专一（不受其他物质的干扰）、灵敏和快速的要求。其被广泛地用于生产和临床中的各种物质的检测分析。甲壳素是由 *N*-乙酰基-D-葡胺糖通过1,4-糖苷键连接的直链状多糖，甲壳素脱去分子中的乙酰基就转变成壳聚糖，其基本组成单位是 D-葡胺糖。壳聚糖是一种生物相容性好、可生物降解、无毒易得的天然功能高分子材料，被广泛用来作为固定化酶的载体。壳聚糖分子中 D-葡胺糖的—NH_2 可与双功能试剂戊二醛的一个—CHO 缩合，戊二醛的另一个—CHO 与酶的游离氨基缩合，从而形成壳聚糖-戊二醛-酶结构，即固定化酶。H_2O_2（又称双氧水）常用于各种消毒液，本实验采用以戊二醛为双功能试剂的载体交联法固定化木瓜蛋白酶，利用固定化有过氧化物酶的滤纸片，在特定的显色条件下将待测样品中的 H_2O_2 转变为颜色信号，因而通过观察酶试纸条的显色程度即可测得样品中的 H_2O_2 浓度范围（图22-1）。该方法为一般定量的方法，具快速、简便的优点。

三、 材料、 试剂与器材

1. 材料

未知 H_2O_2 浓度的消毒液。

2. 试剂

（1）1% CH_3COOH 溶液：取2mL 冰醋酸定容至200mL。

（2）8μmol/L H_2O_2：取184.48μL 30% H_2O_2 溶液定容至200mL。

（3）显色液：0.1mol/L 苯酚 25mL 和 30mmol/L 4-氨基安替吡啉 25mL

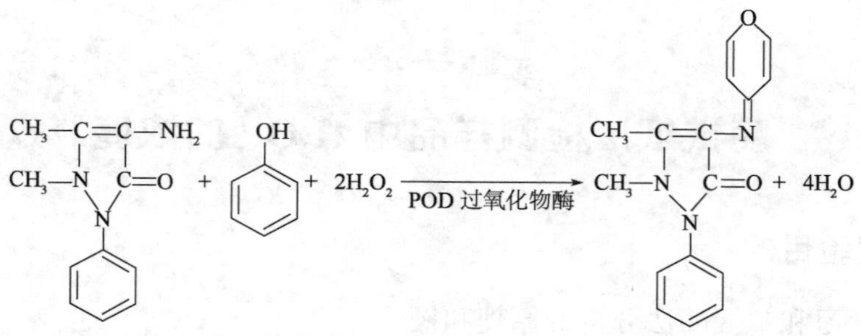

4-氨基安替吡啉(无色) + 苯酚(无色) + $2H_2O_2$ —POD过氧化物酶→ 醌类化合物(红色) + $4H_2O$

图 22-1 H_2O_2 酶法测定显色反应式

混合。

（4）辣根过氧化物酶溶液：0.5mg/10mL（用20mmol/L、pH7.0的PBS溶液溶解）。

（5）0.1mol/L PBS（pH7.0）溶液：称取 $Na_2HPO_4 \cdot 2H_2O$ 21.846g、$NaH_2PO_4 \cdot 12H_2O$ 6.08439g，定容至1L。

（6）1%壳聚糖溶液。

（7）0.05mol/L NaOH溶液。

（8）0.8%戊二醛溶液。

3. 器材

吹风筒、滤纸、反应板（96孔平底）。

四、实验步骤

1. 固定化过氧化物酶的滤纸片的制备

（1）滤纸的预处理　将滤纸剪成3.0cm×3.0cm大小，放入1%的壳聚糖溶液中浸泡10min后取出，沥干，在0.05mol/L的NaOH溶液中浸泡5min后，蒸馏水漂洗1～2次，接着在0.8%的戊二醛溶液中浸泡100min，取出在蒸馏水中漂洗2～3次，用吸水纸吸干备用。

（2）辣根过氧化物酶的固定化　将辣根过氧化物酶溶液和显色液混合（体积比1.5∶1），而后将上述滤纸片浸泡于其中约30min，取出用风筒正反面吹干，最后将其剪成0.5cm×3cm的6条细条备用。

2. 标准浓度梯度 H_2O_2 的试纸显色实验

取200μL 8μmol/L的 H_2O_2 加入反应板的第一个孔中，而在其他3个孔中加入 100μL 蒸馏水，从第一个孔中吸出 100μL 8μmol/L 的 H_2O_2 加入第二个孔中，并反复吸取混匀，即配得 4μmol/L H_2O_2，再取 100μL 加入第三个孔中，依照同样的方法依次稀释得到 0.5μmol/L、1μmol/L、2μmol/L、4μmol/L 一系列浓度的 H_2O_2。用制备好的滤纸片依次蘸取 0.5μmol/L、1μmol/L、2μmol/L、4μmol/L、8μmol/L 浓度的 H_2O_2，待 2～3min 后观察所显现的颜色。

3. 未知溶液 H_2O_2 浓度的分析

将制备好的滤纸片快速蘸取待测样品，2～3min 后观察所显现的颜色，与标准 H_2O_2 溶液的显色结果对比，确定样品中 H_2O_2 的浓度范围。

五、 注意事项

1. 用酶试纸蘸取待测样品，切记不要将酶试纸条浸泡在标准液和待测溶液中，以免影响显色效果。

2. 用风筒正反面吹干时，风筒不要离滤纸过近，滤纸不用吹得过干，最好稍微湿润。

六、 作业及思考题

1. 对比待测样品与标准 H_2O_2 溶液的试纸显色结果，确定待测样品 H_2O_2 浓度的大致范围。

2. 实验中影响显色的各种可能因素有哪些？

实验二十三
邻苯二酚双加氧酶基因在大肠杆菌中的表达

一、 实验目的

学习和了解酶基因在大肠杆菌中的高效重组表达的原理及方法。

二、 实验原理

将克隆化基因插入合适载体后导入大肠杆菌用于表达大量蛋白质的方法一般称为原核表达。这种方法在蛋白纯化、定位及功能分析等方面都有应用。大肠杆菌用于表达重组蛋白有以下特点：易于生长和控制；用于细菌培养的材料不及哺乳动物细胞系统的材料昂贵；有各种各样的大肠杆菌菌株及与之匹配的具各种特性的质粒可供选择。但是，在大肠杆菌中表达的蛋白由于缺少修饰和糖基化、磷酸化等翻译后加工，常形成包涵体而影响表达蛋白的生物学活性及构象。表达载体在基因工程中具有十分重要的作用，原核表达载体通常为质粒，典型的表达载体应具有以下几种元件：选择标志的编码序列；可控转录的启动子；转录调控序列；一个多限制酶切位点接头；宿主体内自主复制的序列。原核表达一般程序如下：获得目的基因，准备表达载体，将目的基因插入表达载体中（测序验证），转化表达宿主菌，诱导靶蛋白的表达，表达蛋白的分析，扩增、纯化，进一步检测。*E. coli* 是重要的原核表达体系。在重组基因转化入 *E. coli* 菌株以后，通过温度的控制，诱导其在宿主菌内表达目的蛋白质，将表达样品进行 SDS-PAGE 以检测表达蛋白质。提高外源基因表达水平的基本手段之一，就是将宿主菌的生长与外源基因的表达分成两个阶段，以减轻宿主菌的负荷。常用的有温度诱导和药物诱导。本实验采用异丙基硫代-β-D-半乳糖苷（IPTG）诱导外源基因表达。不同表达质粒的表达方法并不完全相同，因启动子不同，诱导表达要根据具体情况而定。本实验所用邻苯二酚双加氧酶（catechol-2, 3-dioxygenase）基因 *XylE* 来自 *Pseudomonas putida*（恶臭假单胞菌）的降解质粒 pWW0，其编码 307 个氨基酸。将该基因片段插入表达质粒 pT7-7 的多克隆位点中，置于 T7 启动子的调控下（图 23-1）。在 IPTG 的诱导下，宿主 BL21（λDE3）菌表达了 T7 RNA 聚合酶，识别了载体上的 T7 启动子，从而转录目的基因 *XylE*，使得该基因在大肠杆菌中高效表达，得到可溶且具酶活性的重组蛋白——邻苯二酚双加氧酶（XylE）。

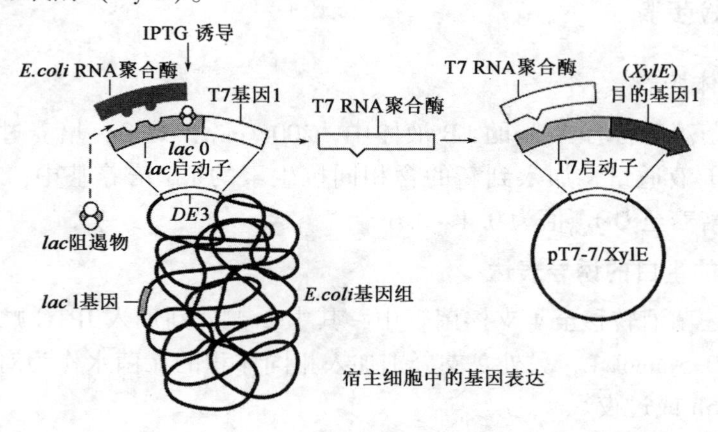

图 23-1　邻苯二酚双加氧酶基因在大肠杆菌中的高效重组表达的示意图

三、 材料、 试剂与器材

1. 材料

携带有质粒 pT7-7/*XylE* 的大肠杆菌 BL21（λDE3）。

2. 试剂

（1）LB 液体培养基：蛋白胨 10g，NaCl 10g，酵母提取物 5g，定容至 1000mL。

（2）20mg/mL 氨苄青霉素（Amp）贮液（×200）：40mg 氨苄青霉素定容至 2. 0mL，过滤除菌（0. 2μm 过滤膜）。

（3）0. 1mol/L IPTG 贮液（×200）：0. 2383g IPTG 定容至 2. 0mL，过滤除菌（0. 2μm 过滤膜）。

（4）可溶性蛋白抽提液：含 5% 甘油、0. 1% Triton-X 100、50mmol/L NaCl 的 50mmol/L pH7. 5 Tris-HCl 缓冲液。

（5）酶反应底物溶液（20mmol/L 邻苯二酚）：0. 2202g 邻苯二酚溶于无水酒精中至 100mL，外包锡箔纸以免光氧化，并置于 -20℃ 冰箱贮存。

（6）50mmol/L pH7. 5 Tris-HCl 缓冲液。

3. 器材

高速冷冻离心机、-20℃ 冰箱、紫外分光光度计、超声波破碎仪、旋涡振荡器、热板、长试管、1. 5mL 指形管、移液枪。

四、 实验步骤

1. 菌体培养

挑单菌落于含有 Amp 的 LB 液体中，200r/min，37℃，培养过夜。取摇过夜的种子液适量，加入到新的含相同抗生素的 LB 培养基中，200r/min，37℃继续培养至 OD_{600} 值为 0.4～0.6。

2. 目的蛋白的诱导表达

将上述菌液转移至 4 支摇菌管中，其中 2 支分别加入 IPTG 贮液，使其终浓度为 0.5mmol/L，另外 2 支分别加入相同体积的无菌水作为对照，37℃振荡培养 6h 或过夜。

3. 可溶性重组蛋白的抽提

取经诱导和未经诱导菌液各 1mL 于指形管中，离心（10000r/min，5min），弃上清，沉淀用 0.5mL 50mmol/L pH7.5 Tris-HCl 缓冲液悬浮，置冰浴中用超声波处理 3～5min，然后于 4℃ 12000r/min 离心 10min，上清用于测定酶活性。

4. 邻苯二酚双加氧酶酶活的测定

1.9mL Tris-HCl 缓冲液加 50μL 底物混匀，最后加入 5～50μL 可溶性重组蛋白抽提液混匀启动反应，在 375nm 下测定 2min 内光密度的增加值（肉眼可观察到反应液颜色变黄），每 30s 记录一次数据。自定义酶活单位（U），分别测出经诱导和未经诱导菌液的邻苯二酚双加氧酶活性（U/mL）。

5. 表达情况的 SDS-PAGE 分析

取经诱导和未经诱导抽提液进行 SDS-PAGE 分析比较。

五、 注意事项

1. 选择表达载体时，要根据所表达蛋白的最终应用考虑。

2. 融合表达时在选择外源 DNA 同载体分子连接反应时，对转录和转译过程中密码结构的阅读不能发生干扰。

3. 菌液 OD 值要小于 1，否则细胞太浓太老，不易破碎，且质粒易丢失。

4. 诱导时间最好做一个梯度，不同蛋白的诱导时间需摸索。

5. 表达和检测时，应设置对照组，如转化载体和非诱导细胞。

六、 作业及思考题

1. 对比经 IPTG 诱导和未经诱导的细胞抽提液的酶活差异，并以百分比的形式作柱状图表示（经 IPTG 诱导的酶活性为：100%）。

2. SDS-PAGE 分析比较了解重组蛋白的表达情况。

3. 在原核表达的过程中，为什么要加入 IPTG 进行诱导？

参考文献

[1] 蔡琳．生物制药综合性与设计性实验教程［M］．北京：高等教育出版社，2015.

[2] 曾庆平．生物反应器设计技术［M］．北京：化学工业出版社，2010.

[3] 陈清西．酶学及其研究技术［M］．第2版．厦门：厦门大学出版社，2015.

[4] 陈守文．酶工程［M］．北京：科学出版社，2015.

[5] 高丽萍，魏涛．大学通用生命科学实验教程——生物技术专业［M］．北京：北京大学出版社有限公司，2013.

[6] 郭小华，梁晓声，汪文俊．生物工程实验模块指导教程［M］．武汉：华中科技大学出版社，2016.

[7] 郭勇．酶工程［M］．第4版．北京：科学出版社，2016.

[8] 郭勇．酶工程原理与技术［M］．北京：高等教育出版社，2010.

[9] 林影．酶工程原理与技术［M］．第3版．北京：高等教育出版社，2017.

[10] 刘志伟，韩春艳．生物工程综合性与设计性实验［M］．北京：科学出版社，2015.

[11] 罗贵民．酶工程［M］．第3版．北京：化学工业出版社，2016.

[12] 秦永宁．生物催化剂：酶催化手册［M］．北京：化学工业出版社，2015.

[13] 邵长富．软饮料工艺学［M］．北京：中国轻工业出版社，2005.

[14] 王建龙．生物固定化技术与水污染控［M］．北京：科学出版社，2002.

[15] 汪东风．食品科学实验技术［M］．北京：中国轻工业出版社，2006.

[16] 吴敬，殷幼平［M］．酶工程．北京：科学出版社，2013.

[17] 吴士筠，周岿，张凡．酶工程技术［M］．武汉：华中师范大学出版社，2009.

[18] 勇强．生物工程实验［M］．北京：科学出版社，2015.

[19] 袁勤生．酶与酶工程［M］．上海：华东理工大学出版社，2005.

[20] 周晓云．酶学原理与酶工程［M］．北京：中国轻工业出版社，2007.

[21] 曾庆平，郭勇．化学应激对大蒜培养细胞SOD的诱导［J］．药物生物技术，1999，6（2）：95-98.

[22] 曾庆平，郭勇．物理应激对大蒜培养细胞SOD的诱导［J］．药物生物技术，1998，（3）：153-156.

[23] 何平，黄卓烈，黎春怡，等．木瓜蛋白酶的固定化及其性质研究［J］．热带亚热带植物学报，2008，16（4）：334-338.

[24] 解庭波．大肠杆菌表达系统的研究进展［J］．长江大学学报，2008，23（4）：41-42.

[25] 李福谦，李望，唐书泽，等．以大米淀粉为原料的酶法制备低DE值麦芽糊精的研究［J］．食品与发酵工业，2006，32（5）：71-73.

[26] 刘玲，孙瑞娴，徐应春，等．酵母细胞固定化实验的教学改进及建议［J］．生物学通报，2016，51（12）：42-43.

[27] 吕昌莲，王秀宏，周宏博，等．肾胆绿素还原酶在大肠杆菌中表达和纯化方法的研究［J］．哈尔滨医科大学学报，2003，37（1）：3-8.

[28] 马忠华，罗如新，夏怡丰，等．邻单胞菌邻苯二酚1，2-双加氧酶基因（*tfd C*）的克隆及其在大肠杆菌中表达［J］．微生物学报，2000，40（6）：579-585.

[29] 任小青，刘营．苹果汁澄清方法的研究［J］．天津农学院学报，2004，11（4）：43-45.

[30] 戎晶晶，刁振宇，周国华．大肠杆菌表达系统的研究进展［J］．药物生物技术，2005，12（6）：416-420.

[31] 王鸿飞. 壳聚糖对苹果汁澄清效果的研究 [J]. 中国农业科学, 2003, 36 (6): 691-695.
[32] 王瑞斌. 过氧化氢含量准确测定方法的研究 [J]. 化学工程师, 2005, 12 (12): 62-64.
[33] 王志琴, 王军, 薛正芬, 等. 牛奶掺过氧化氢快速检测试纸研制 [J]. 草食家畜, 2010, 9 (3): 26-28.
[34] 徐凤彩, 李明启. 尼龙固定化木瓜蛋白酶及其应用研究 [J]. 中国生物化学与分子生物学报, 1992, (3): 302-306.
[35] 许英一. 酶法澄清苹果汁加工工艺的研究 [J]. 农产品加工·学刊, 2008, (7): 182-183.
[36] 严小军. 细胞固定化的方法及应用 [J]. 海洋科学, 1993, 3: 22-25.
[37] 于建乐, 王志萍. 苹果汁酶法澄清工艺 [J]. 食品科学, 1989, 10 (5): 30-32.
[38] 于炜婷, 宋慧一, 刘袖洞, 等. 壳聚糖分子量对酵母细胞固定化培养的影响 [J]. 化工学报, 2011, 62 (1): 156-162.
[39] 赵德英, 张景宏, 荏亚青, 等. 空白值的选择对糖化酶活力测定结果的影响 [J]. 饲料工业, 1999, 20 (11): 31-32.
[40] 朱俊晨, 王小菁. 酶的分子设计、改造与工程应用 [J]. 中国生物工程杂志, 2004, 24 (8): 32-37.

附　录

1. 缓冲液

（1）0.05mol/L 柠檬酸缓冲液（pH5.0）

① A 液（0.05mol/L 柠檬酸）：称取 $C_6H_8O_7 \cdot H_2O$ 10.51g，用蒸馏水溶解并定容至 1L。

② B 液（0.05mol/L 柠檬酸钠）：称取 $Na_3C_6H_8O_7 \cdot 2H_2O$ 14.7g，用蒸馏水溶解并定容至 1L。

③ 取 A 液 35mL 与 B 液 65mL 混匀，即为 0.05mol/L pH5.0 柠檬酸缓冲液。

（2）硼砂-NaOH 缓冲液（pH11.0）

准确称取硼砂 19.08g，将其溶于 1000mL 水中；再称取 NaOH 4.0g，溶于 1000mL 蒸馏水中，二液等量混合。

（3）醋酸缓冲液（pH 4.6）

取醋酸钠 5.4g，加水 50mL 使溶解，用冰醋酸调节 pH 值至 4.6，再加水稀释至 100mL。

（4）0.1mol/L pH5.6 的柠檬酸缓冲液

① A 液（0.1mol/L 柠檬酸）：称取 $C_6H_8O_7 \cdot H_2O$ 21.01g，用蒸馏水溶解并定容至 1L。

② B 液（0.1mol/L 柠檬酸钠）：称取 $Na_3C_6H_8O_7 \cdot 2H_2O$ 29.41g，用蒸馏水溶解并定容至 1L。

③ 取 A 液 55mL 与 B 液 145mL 混匀，即为 0.1mol/L pH5.6 柠檬酸缓冲液。

（5）0.2mol/L pH5.6 的醋酸盐缓冲液

① A 液（0.2 mol/L 醋酸）：量取 11.4mL 冰醋酸，用蒸馏水定容至 1L。

② B 液（0.2 mol/L 醋酸钠）：称取 16.4g 无水醋酸钠，用蒸馏水溶解并定容至 1L。

③ 取 A 液 4.8mL 与 B 液 45.2mL 混匀，即为 0.2mol/L pH5.6 的醋酸盐缓冲液。

（6）0.2mol/L 硼酸缓冲液（pH8.4）

称取0.858g $Na_2B_4O_7 \cdot 10H_2O$ 和0.68g H_3BO_3，用蒸馏水溶解，定容至100mL。

（7）磷酸缓冲液

按照附表1-1所给定的体积，混合1mol/L的磷酸二氢钠和1mol/L的磷酸氢二钠贮液，获得所需pH的磷酸缓冲液。配制1mol/L的磷酸二氢钠（$NaH_2PO_4 \cdot H_2O$）贮液：溶解138g于足量水中，使终体积为1L。1mol/L磷酸氢二钠（Na_2HPO_4）贮液：溶解142g于足量水中，使终体积为1L。

附表1-1　磷酸缓冲液的配制

1mol/L NaH_2PO_4/mL	1mol/L Na_2HPO_4/mL	最终pH值
877	133	6.0
850	150	6.1
815	185	6.2
775	225	6.3
735	265	6.4
685	315	6.5
625	375	6.6
565	435	6.7
510	490	6.8
450	550	6.9
390	610	7.0
330	670	7.1
280	720	7.2

（8）0.2mol/L碳酸盐缓冲液

碳酸盐缓冲液按照附表1-2所给定的体积，混合0.2mol/L的碳酸钠和0.2mol/L的碳酸氢钠贮液，获得所需pH的磷酸缓冲液。配制0.2mol/L的碳酸钠（Na_2CO_3）贮液：溶解21.2g于足量水中，使终体积为1L。0.2mol/L碳酸氢钠（$NaHCO_3$）贮液：溶解16.8g于足量水中，使终体积为1L。

附表1-2　0.2mol/L碳酸盐缓冲液的配制

0.2mol/L Na_2CO_3/mL	0.2mol/L $NaHCO_3$/mL	最终pH值
4.0	46.0	9.2
7.5	42.5	9.3
9.5	40.5	9.4
13.0	37.0	9.5

续表

0.2mol/L Na_2CO_3/mL	0.2mol/L $NaHCO_3$/mL	最终 pH 值
16.0	34.0	9.6
19.5	30.5	9.7
22.0	28.0	9.8
25.0	25.0	9.9
27.5	22.5	10.0
30.0	20.0	10.1
33.0	17.0	

2. 试剂

（1）DNS（3,5-二硝基水杨酸）试剂

将6.3g DNS 和262mL 2mol/L NaOH 溶液，加到500mL 含有185g 酒石酸钾钠的热水溶液中，再加5g 结晶酚和5g 亚硫酸钠，搅拌溶解，冷却后加蒸馏水定容至1000mL，贮于棕色瓶中备用。

（2）1% 淀粉溶液

称取1g 淀粉溶于100mL 0.1mol/L pH5.6 的柠檬酸缓冲液中。

（3）Folin 试剂

于200mL 磨口回流装置内加入钨酸钠100g、钼酸钠25g、水700mL、85% 磷酸50mL 以及浓盐酸100mL。微火回流10h 后加入硫酸锂150g、蒸馏水50mL 和溴数滴摇匀。煮沸约15min，以驱残溴，溶液呈黄色，轻微带绿色；如仍呈绿色，可重复加液体溴的步骤。冷却定容到1000mL，过滤，置于棕色瓶中可长期保存，使用前，用蒸馏水稀释3 倍。

（4）碘-碘化钾溶液

称取5g 碘和10g 碘化钾，溶于100mL 蒸馏水中。

（5）1% 的酪蛋白溶液

称取酪素1.000g，加入适量的磷酸缓冲液约80mL，在70℃的水浴中边加热边搅拌，直至完全溶解，冷却后，转入100mL 容量瓶中，用磷酸缓冲液稀释至刻度。此溶液应在冰箱内贮存。

（6）0.4mmol/L 酚标准溶液

精确称取分析纯的酚结晶0.94g 溶于0.1mmol/L 盐酸溶液中，定容至1000mL，即为酚标准贮存液，贮存于冰箱中可永久保存，此时酚浓度约为0.01mol/L。使用前将上述的酚标准贮存液用蒸馏水稀释25 倍，即得到0.4mmol/L 酚标准溶液。

（7）辣根过氧化物酶溶液

准确称量0.5mg辣根过氧化物酶，用10mL 20mmol/L、pH7.0的PBS溶液溶解。

（8）20mg/mL氨苄青霉素（Amp）贮液（×200）

40mg氨苄青霉素定容至2.0mL，过滤除菌（0.2μm过滤膜）。

（9）0.1mol/L IPTG贮液（×200）

0.2383g IPTG定容至2.0mL，过滤除菌（0.2μm过滤膜）。

（10）0.1mol/L PBS（pH7.0）溶液

称取 $Na_2HPO_4 \cdot 2H_2O$ 21.846g、$NaH_2PO_4 \cdot 12H_2O$ 6.08439g，定容至1L。

3. 培养基

（1）淀粉培养基

可溶性淀粉12g，$NaNO_3$ 2g，K_2HPO_4 2g，$MgSO_4 \cdot 7H_2O$ 1g，KCl 1g，琼脂20g，1000mL蒸馏水，pH7.0，121℃灭菌20min。

（2）LB液体培养基

蛋白胨10g，NaCl 10g，酵母提取物5g，1000mL蒸馏水，pH7.0，121℃灭菌30min。

（3）肉汤蛋白胨固体培养基

牛肉膏5.0g，蛋白胨10.0g，NaCl 5.0g，琼脂15.0～20.0g，加蒸馏水至1000mL，pH7.0～7.2。